奖杯效应

改变一生的负面情绪消除术

The Trophy Effect

[美] 迈克尔·尼蒂 (Michael A. Nitti) / 著
孙静 / 译

图书在版编目(CIP)数据

奖杯效应:改变一生的负面情绪消除术/(美)尼蒂著;孙静译.—北京:华夏出版社,2015.2
书名原文:The trophy effect
ISBN 978-7-5080-8359-9

Ⅰ.①奖… Ⅱ.①尼… ②孙… Ⅲ.①情绪—自我控制—通俗读物 Ⅳ.①B842.6-49

中国版本图书馆 CIP 数据核字(2015)第 000568 号

The trophy effect
Copyrights © Michael Nitti
All rights reserved.

Simplified Chinese Character rights arranged with Motivational Press,Inc through Beijing GW Culture Communication Co.,Ltd.

版权所有,翻版必究
北京市版权局著作权合同登记号:图字 01—2013—6436

奖杯效应:改变一生的负面情绪消除术

著　　者	(美)迈克尔·尼蒂
译　　者	孙　静
责任编辑	李春燕

出版发行	华夏出版社
经　　销	新华书店
印　　刷	三河市兴达印务有限公司
装　　订	三河市兴达印务有限公司
版　　次	2015 年 2 月北京第 1 版　2015 年 3 月北京第 1 次印刷
开　　本	670×970　1/16 开
印　　张	14.75
字　　数	165 千字
定　　价	35.00 元

华夏出版社　网址:www.hxph.com.cn　地址:北京市东直门外香河园北里 4 号　邮编:100028
若发现本版图书有印装质量问题,请与我社营销中心联系调换。电话:(010) 64663331(转)

题　　词

* * * * * * * * * * * * * * * * *

"头脑提问，心灵回答。"

——拜伦·凯蒂（Byron Katie）

* * * * * * * * * * * * * * * * *

此书献给那些渴望了解真理，有勇气不屈服于真理难以捉摸的本质的人——因为这些人是我们未来的老师。

献给那些愿意接受未知事物的人，还有人虽然不确定自己何时能了解未知事物，但却依然义无反顾，这些人会成为我们最好的老师。

献给所有老师和学生，我尊敬所有为教而学的人。因此，为了庆祝你将要学到的东西——我不仅要自己享有它，还要将此荣耀传递给你我感谢能有此殊荣成为你的老师，引领你完成这一旅程……

合十致敬

* * * * * * * * * * * * * * * * *

"赠人玫瑰，手有余香。"

——詹姆斯·巴里爵士（Sir James Barrie）

* * * * * * * * * * * * * * * * *

致沃纳……
"我的灵感之源"

****

"敢于离开旧的海岸，才能发现新的海洋。"

——穆里尔·陈（Muriel Chen）

****

****

"在学习之前,我们需要先学习如何学;在学习如何学之前,我们需要忘掉一切。"

——苏菲格言

****

目 录
CONTENTS

001 / 序言
003 / 前言

001 / 第一章 鱼缸中的生活
007 / 第二章 启程
016 / 第三章 连锁反应困境
022 / 第四章 旅程
029 / 第五章 寻找证据
035 / 第六章 一份合理的报酬
042 / 第七章 敲门
049 / 第八章 证据引发的烦恼
055 / 第九章 启示
066 / 第十章 走廊的另一边
081 / 第十一章 马上去见巫师
089 / 第十二章 一场全新的比赛
098 / 第十三章 走廊尽头的光

104 / 第十四章　一点常识

115 / 第十五章　锁好门，扔掉钥匙

125 / 第十六章　跳出鱼缸，走向世界

134 / 第十七章　"事实"

142 / 第十八章　不再寻找

156 / 第十九章　练习：忘掉以前所学，扩展未来

185 / 第二十章　神圣的游戏

195 / 第二十一章　鱼缸之外的生活……

210 / 关于作者……

212 / 附录

215 / 本书节选

217 / 致谢

222 / 译者后记

序　言

没错，你的决定是**正确**的，选择读这本书。不管你能在多大程度上了解**奖杯效应**，你会很快庆幸自己读了这本书。

我的朋友蒂姆·泰勒是位房地产顾问。他刚在自己的工作（和生活）上取得了重大的进展。当他告诉我说这是由于他参加过叫作**奖杯效应**的活动时，我想这只不过是一个普通的个人成长研讨会罢了。

然而，他紧接着详细讲述了自己被这一体验彻底改变的过程，此时我惊讶地发现，他与此书的作者兼生活导师迈克尔·尼蒂（Michael Nitti）仅仅相处了不到一小时的时间，而迈克尔·尼蒂通过电话就将他引领上**奖杯效应**之路了。虽然我也为朋友的进展感到欣慰，但是我也好奇究竟是什么东西能如此神奇，在"不足一小时"的时间里就发挥了作用，因此，我向蒂姆提出了疑问。

"你很快就会找到答案。"他笑着说，看样子他已经说服迈克尔下周带我体验**奖杯效应**了。他补充道："其实，我早知道你会非常感兴趣，所以我发誓你会帮他推荐这本书！"

如果你熟悉我的书《成功密码》（*The Secret Code of Success*），你就知道我总是醉心于解答这个问题：为什么有一小部分人总能轻而易举地获得成功，而大多数人却似乎一辈子都在苦苦奋斗呢？

在寻求答案的过程中，我很荣幸地与世界各地成千上万的客户及读者分享了自己所学。我已将这作做自己的使命，即区分只是

"有意思"的东西和"真正深刻"的东西——这是为什么我能保证你将要体验到的东西极其深刻。

你知道吗？最终通过电话，迈克尔终于陪我体验了**奖杯效应**，它马上就改变了我的生活和我看待自己碰到的所有事情的方式。更为重要的是，从那一刻起，改变一直在继续，因为我总是想起**奖杯效应**的力量。

实际上，**奖杯效应**最强大的地方之一是体验**奖杯效应**的过程本身，它由迈克尔为你量身打造，使你去体验你正在阅读的东西，而不仅仅是"理解"它，以保证你尽可能地完全接受每个观点，并将其应用到实践中。

当你看到这些观点时，你会开始从新的角度审视你自己和周围的环境，并能充分按照自己的想法去生活，而不是对这些环境做出被动的反映。最终，你会超越**奖杯效应**，进入一个更高水平的意识层面，我相信你会发现这是个极具启发性的转折点，引领你走向辉煌之路。

就像我朋友保证的那样，我确实对**奖杯效应**印象深刻，同时也受到了它的启发——你也看到了，我兑现了自己的承诺，帮助迈克尔推荐此书。

衷心祝愿你能得到爱与幸福，《奖杯效应》送给大家！

好好享受吧！

《成功密码》作者：诺亚·圣约翰（Noah St. John）

— 奖杯效应 —

前　言

欢迎阅读《奖杯效应》。我很荣幸你买了我这本书。

现在，请帮你自己一个忙，不要阅读它。

如果你读了，那么你只会变得更聪明——但是这不是此书的初衷。你已经非常聪明了。我写这本书的目的，并不是为了让你变得更聪明。

如果你买此书就是为了了解**奖杯效应**，那么你会如愿以偿。你会了解它——就像你了解其他对你生活毫无影响的东西一样。

此书的目的是让你发生改变。改变你的**感受**。

你会开始这样一段旅程，这段旅程能照亮你的心灵，同时也会增强你的"**自我感**"。这次为你量身打造的旅程能激活你，能让你感受到自己比儿时更加生机勃勃，没有什么能够阻挡你规划并实现自己的梦想。

在这次旅程中，我们将会从一个崭新的视角观察并审视你的内心世界，抛弃先入为主的观念和文化的影响，因为它们通常会"改变"你我看待事情的角度。

为了能顺利做到这一点，我会要求你随时记录，并保持开放的心态——如果都能做到，那么效果将会更佳。我还会要求你回忆过去的生活，回忆某些小事，最好能够让你将脑海中出现的所有东西都图像化，然后将你所"见"记录下来。

你还会注意到，我有时会重复或反复强调某些观点——这对结果至关重要。因此,当我指出要考虑多种角度时,请采纳这一建议,因为它是达成目的的关键——而且到最后,你就会理解我的用意。

最终,我会带你进行一系列极其有效的训练,这些训练虽然也极为简单,但是它们将永远改变你的生活。鉴于此,我建议你能全身心投入,不要有半分松懈。

最后,我真挚地邀请你开始体验这次旅程。如果你期待**奖杯效应**会带来某种改变,那么事实就会如此。另外,如果它还让你变得更聪明,你就会不得不接受这种现状了……

* * * * * * * * * * * * * * * *

"知人者智,自知者明。"

——老子(Lao Tzu)

* * * * * * * * * * * * * * * *

第一章
鱼缸中的生活

"我真是个蠢货。"

"我多傻呀?"

"我不敢相信居然又犯了同样的错!!"

听着耳熟吗?如果是,那就坦白吧——你是否因为做了错事或傻事,抑或只是犯了个小错,就发现自己经常产生以上想法呢?你是不是经常因为手头的特殊工作而怀疑自己不够优秀呢?你是否因几天前、几个礼拜前甚至几年前做的错事而自责不已呢?实际上,你有没有注意到,无论你我取得了多么伟大的成就,当情况变糟时,我们还是极有可能自我打击,而事情进展顺利时,我们却很少鼓励自己!

不管是以上哪种情况,有人可能会问,那又怎样?

有人可能根本不在意这些事。我认为,我们已经习惯了担心"自己不够优秀",并因此变成了那句俗话中的金鱼(指本章题目所说的"鱼缸中的生活"),完全不知道自己周围都是水;金鱼认为自己会在水里度过一生,仅仅把水看作水。有点只见树木不见森林的意味……

虽然有些残忍,但多数人都会老老实实地承认,不管我们多聪明，能力多强，或有多成功，我们还是会相当频繁地质疑自己的能力或自我价值，或是只要一出现问题就质疑自己，也会轻而易举地出现以前也曾有过的诸如"该死，我真傻"之类的想法。

实际上，观察我们周围就会发现，这种不能为自己加油打气的倾向非常严重，即便你刚从名牌大学毕业，和梦中情人结了婚，或是被同事们的交口称赞环绕，你也很有可能不会让自己感觉太心理得，也不会完全沉浸在赞扬之中。那么，是哪种"潜意识力量"让我们在做错事时自责，而在表现不错时却抵触积极的评价呢？

换句话说，你我不是被设定好程序的机器，能让事情按照预期发展。你看，就算是依靠"吸引力法则"或众多鼓励我们积极思考的书籍，我们也无法达到上文中所提及的目标。事实上，我们更容易担心失败，而不是期待成功。

当然，总有一些人每天都能达成目标，做着了不起的事，因为所有人只要能集中精力、目标明确并坚定信心，都能取得自己渴望的成就。然而，由于大多数人没有类似的目标，当然也不会产生同样程度的决心，那么找出我们做不到的"原因"是否有助于改善以上情况呢？它是否会帮我们意识到令自己犹豫或退缩的恶性循环呢？只要我们一采取行动去追求某些渴望的东西时，自我怀疑就会不请自来，难道我们不能找出其中的原因吗？

此外，发现我们的思想如何真正地运作，从而保证我们准确地调控生活的"齿轮"，难道这不是一件有意思的事吗？最后，理解这些自然习惯和冲动，从而让我们能道高一尺，而不是它们魔高一丈，难道这不会让我们受益吗？

当然可以。既然你已经针对这些问题做出了肯定答复，那么我非常高兴地告诉你，以上问题背后还存在着一个根本问题，而答案也非常简单——这个问题就是："到底是什么东西在阻碍着我们达成这些目标呢？"

实际上，这个问题的答案非常简单，以至于你可能会在获知答案时又一次觉得自己有点"笨"，因为你本该自己就能想到答案。一如既往，不管你搞清楚答案与否，我们之所以面对困难时力不从心，而一切顺利时却不感到高兴，是因为：忧虑。是的，**忧虑**。并不是一种普通的忧虑萦绕着你，而是一种强大的忧虑，它激起你所有的自我怀疑和犹豫，为我们提供放弃的种种借口，而不是让我们继续追求自己的梦想。那么，我们到底害怕什么？到底是什么让我们质疑自己做的几乎每件事呢？

我的朋友兼导师托尼·罗宾斯曾在其著作《唤醒心中的巨人》(*Awaken The Giant Within*) 及其多本著作中解释了忧虑在生活中扮演的角色。尽管他不是唯一一个提出该观点的人，但是他却区分了人类两种基本的忧虑：1) 担心自己不够优秀，2) 担心自己不再被爱。这是这位影响了数百万人的导师经过观察研究得出的结果。

从根本上说，托尼认为，不管我们去向何方，或是我们将要达成什么目标，这些忧虑会与我们同行。当然，我们鲜少清醒地认识到这些忧虑，就像那些在水中生活却看不见水的鱼儿一样（再一次提起这些在水中度过一生的鱼，却没有从另一个角度出发，从而体验到水之为水）。即便如此，这些忧虑也显而易见——潜伏在暗处，耐心地等待你宣布自己的下一个伟大梦想或目标，从而能够干预你的决定并让你重新思考一切。你要怎样才能摆脱这些忧虑呢？

正如你想的那样，这个问题不存在简单的答案。然而，我们将

— 鱼缸中的生活 —

从两个主要方面讨论这个问题，我的目的是让你读完此书时，能掌握从"传统的"和"变化的"两种角度来摆脱忧虑之道。

不管从哪个角度来摆脱忧虑，取得每次突破的先决条件是你要充分理解**奖杯效应**。由于这也是本书的主题，因此你将要开启一次充满希望的旅程——让我们从一个相对传统的分析开始吧！

首先，我们的主要忧虑是如何发挥作用的呢？就这个问题而言，我发现，担心自己不够优秀是我们最主要的忧虑，这种忧虑像个病原体，引发了更多的忧虑。在过去的 25 年中，我有幸能与 1000 多名客户一对一接触（在其中的 7 年中，我还有幸目睹托尼与成千上万的客户沟通），我可以向你保证，我遇到过的所有人都或多或少地受到这些忧虑的困扰，值得注意的是，大多数人最大的忧虑就是害怕自己不够优秀。

对于那些漠视这个微不足道的讯息的人来说（要么因为你不相信自己有这些忧虑，要么因为你不相信自己会让它们妨碍你），请理解，虽然存在这些忧虑，但是很多人已塑造了"精神力量"，他们不顾忧虑，依然能够照常生活——至少有时能做到这一点。

因此，尽管所有人确实都拥有这些忧虑，但是很多人依然能够取得进展，并最终在生活中获得某种程度的成功，我们将要探索的——并最终达到的目标——是这些忧虑如何严重地限制了你的视野，阻挠了你的决心，抢夺了你的自尊和激情，并抑制了你的成就感。

尽管如此，了解我们如何受到这些忧虑的影响仅仅是第一步，我写作此书的首要目的是让每个读者能够完全有能力拥抱更大的梦想，并充满崭新的自信和激情，逐步实现梦想！

— 奖杯效应 —

你看，这个事实真的能够释放一个人。因此，如果你愿意接受即将揭示的事实——因为我们即将踏上一段旅程，开始对这一事实展开研究——在这次旅程的终点，你内心所渴望的一切都会唾手可得！

另一方面，如果你已经拥有渴望的一切，或者你还不清楚担心自己不够优秀这种忧虑心理会怎样影响你的生活，那么我鼓励你继续寻找，直到你能既看到自己鱼缸中的"水"，也能看到似乎并非只是别的"鱼"受到这些忧虑的影响。一旦你做到这一点，我建议你全力以赴地参与到这段旅程中，而不是做一个旁观者。毕竟，不管你将有多少收获，发现你以前不知道的东西不会有什么损失，相反，了解这些会帮你变得比现在更强大、更愉快。

带着这种想法，我邀请你继续阅读，就像这些文字下隐藏的只是获得自由、幸福和成就的密码。我还邀请你"尝试一切东西"，通过深入观察你的体验，从而发现每个隐喻如何为你所用；如果你能带着赞同而不是疑虑进行阅读，那么你很有可能受到启迪。

理所当然，你的头脑很容易将自己读到的某些内容贴上太过笼统的标签。事实上，虽然我们确实拥有独特的个性，但很显然，我们也共享着同样的"基本行为系统"，它是我们解释和处理信息的根基。正是基于此——在这个行为系统的基础上——你我才如此相似：表现出同样的情感、同样的记忆方式、同样的求生本能和同样的忧虑。

当然，在更为基础的层面上，我们不仅"非常相似"，而且不可避免地与所有人和所有事物相联系，成为一体。然而，这一点通常由于各种各样的原因而不易察觉——主要是因为我们所有人都被

— 鱼缸中的生活 —

"社会规训"了，相信自己的直觉（感觉），而不是亲身调查研究事物的本质。因此，为了真正地体验到"自己与世界是个整体"，也可以为我们内在的联系性而欢喜，我们必须首先理解社会影响本身的本质。这恰恰是**奖杯效应**的关键方面，同时也是首先要探索的内容。

因此，我最后邀请你利用这个过程来完成你自己的调查，从而让你能放弃一切具有局限性的想法，这些想法与你接受的社会（和个人的）训练有关。最后，你将学到如何"修复"你的心灵和你头脑中真正的神经连接器——在此意义上，你会获得充足的能量来走出你的鱼缸，亲身体验到你其实是个多么伟大而有能力的人！

为了达到这些目的，通过在心灵深处的努力，我们要开始一个相对简单但非常强大兼具隐喻性的旅程。这次旅程旨在让你发现我们不仅承受这些忧虑，而且还受到它们的驱使——以及我们为何如此经常地感到自己无法掌控一切。这是探索和发现的旅程，对你来说，是个绝佳的机会，你将从全新的角度看待事物——至少不是从鱼缸外面。

无须多言，你已经对此做好准备。因此，让我们系好安全带，开始上路吧！

第二章
启　程

　　在一开始，让我们花点时间重复一下我们最大的忧虑——我们不够优秀，我们可能不够优秀，我们可能存在着某些不足。而且，是天生的忧虑，也是我们迷惘的原因。换句话说，这种忧虑不仅代表着鱼缸里的水，而且还代表着束缚我们的鱼缸……

　　既然我们意识到自己受到以上忧虑的影响，那么让我们现在假设自己在这个隐喻性的鱼缸中游来游去，同时心存自己不够优秀这一普遍的担忧。在这种情况下，接下来难道不就是说我们将通过这种忧虑而体验到一切吗？实际上，难道这个过程不也说明了即便在我们成功或取得重大进展时，你我习惯于去质疑所有成就何时会消失，而不是是否会消失吗？

　　毕竟，当这种潜意识的忧虑萦绕在你心中时，也就是担心自己不够优秀时，难道任何成功都是不顾及忧虑而肆意取得的，而不是你确实足够优秀的证明吗？

　　还有一个问题：当我们担心某些事情的时候，你我会做什么呢？我们会格外关注它，对吧？我们全副武装。我们保持警惕"以免出现意外"。

　　你看，当我们害怕某些事情的时候，我们被迫由于那件事而处于警戒状态。这就是心灵作用的方式。这是好事（当心灵处于这种状态时），因为这是心灵保障我们安全的方式之一——让我们能生存下去。

因此，面对这种自己不够优秀的内在忧虑时，你处处在追寻的最有可能是什么呢？你时时都在寻找什么呢？答案很简单——你不够优秀的证据！实际上，你我很少能够控制这个过程，因为这只是心灵在正常工作而已——通过警惕所有可能会伤害我们的东西，来保证我们能生存下去。

试想一下：如果你告诉一个四岁的小孩儿，他的衣橱里面有个怪兽，每次当他打开橱柜门的时候，他会寻找什么呢？你答对了——怪兽。因为每当我们害怕某些东西的时候，我们会自然地寻找它。

再举个例子：如果一个女人担心男朋友在欺骗她（对很多女人来说，这种忧虑真的存在），之后有一天男朋友回到家，身上带着新的古龙水香味，这意味着什么？你猜对了，这是他出轨的证据。为什么呢？因为女人的忧虑让她警惕任何能证明自己的猜测正确的证据！如果他在整理自己口袋里的东西时，女人却发现里面有一张写着电话号码的纸条呢？完全正确，女人会认为这是进一步的证据——原因同上。

当然，在以上两种情况下，心灵的判断有没有可能是错误的呢？当然有可能。这个男人也许只是想要尝试一种新的香味。而且，我们所有人都清楚，电话号码可能不是新欢的，而可能是任何一个最近和这个男人有过交际的人的。在任何一种情况下，值得注意的是，并非是心灵决定了事情是否真实，因为心灵不能在生命受到威胁时

— 奖杯效应 —

冒任何危险！

实际上，心灵所遵循的原则基本上是"首先反应，然后再质疑"，因为心灵最首要的目标是不惜一切代价确保我们的生命安全（这种本能被心理学家们称为"战斗或逃跑"，或者是"反应"）。因此，心灵并不在乎自己是否引起你或其他任何人的低落，也不关心自己是否犯了错——因为它遵循的原则是确保你免于受到任何伤害。

所以，从更为基础的角度说，**保障你的生存**是心灵的首要任务。虽然我们的心灵肩负着其他的责任，但是如果你审视自己的经历，你会发现在所有的动物种类中，保障生存才是心灵的最高目标。

当任何动物的心灵感受到威胁时，它会怎么办？

它不会费心考虑这种威胁真假与否，而是马上在地上挖洞，爬上树，开始奔跑，变换颜色，吐口水，袭击，发出嘶嘶声——或是其他任何反应！心灵绝不会等着观察自己是否做错了。

值得注意的是，人类的心灵完全采用了相同的机制，这意味着它总是寻找一切令我们害怕的东西，一旦发现了某种威胁，它会马上采取有效的行动——例如，每当心灵感知到我们要失败、犯错或是犯傻的时候。当此类情况发生时，心灵会完全控制我们的身体，此时此刻，我们就被其左右了。

更为可能的是，你已经目睹过这种"因果"发展过程，它总是归结为"为了生存"。有人不计后果地"发火"（或与此相反，"沉默"），此人毫无疑问是充分地"生存着"；所说所做之后会让他们后悔——这种生存本能是种强大的力量。不幸的是，当生存替代了我们的思考，它也会让我们陷入巨大的麻烦中。

我能感受到你的想法——因此，让我们暂时停下来，讨论几个

— 启　程 —

你此时可能存在的疑问：

1) 到底什么是"**奖杯效应**"？它与生存到底有着什么关系？

2) 我能领会这种关于"生存"的解释，有时也能发现它发挥着作用——然而如果这是心灵的目的，那么为什么我们并非总是如此反应呢——像动物的反应一样？

3) 鱼真的不知道它们生活在水里吗？

好问题！这是你迄今为止需要了解的东西……

1) 很快，我就会解释**奖杯效应**（虽然你目前读到的东西是该过程的一部分），因此请稍等。

2) 当察觉危险时，我们并非每次都因为生存而做出反应，这是因为有时候我们能进入一种故意的"存在"（或"自我"）状态，其中我们有意识地选择无视心灵，由此对察觉到的威胁产生了一种有意的回应，而不是一种被动的反应。然而，也许你已意识到了，对大多数人来说，这种情况鲜少发生。即便如此，面对此类情况时，你我绝对能有意识地化被动反应为有意为之！

因此，在面对察觉到的危险时，如果每个人都有能力通过启动一种有意的回应来漠视"被动的反应"，那为什么我们没有经常这样做呢？

因为心灵的默认机制一直是生存模式！这意味着心灵总是寻找着危险。因此，每当发现威胁时，心灵总是向身体发出逃避的信号，从而总是造成心灵对生存做出被动的反应。因此，除非自我进行干

— 奖杯效应 —

预，否则心灵会本能地做出反应——此时，我们很难控制自己的言谈举止。

现在，除了忧虑，我们不能漠视生存反应的原因也更加引人注目，这些原因包括：个人的适应性（习惯），缺乏自尊或自信，冷漠，顺从（或沮丧），或是更为普遍的，只是缺少一种这么做的意图或目标。不仅如此，心灵也绝对地痛恨受到质疑，拒绝失败，厌恶犯错，抵触受到控制，并必须时刻感受到公正；特别是在维护我们的（它的）观点的时候。

因此心灵等待着时机——任何此类危险一旦出现（每天都很可能出现无数次），它就会采取行动！

如你所见，心灵被自我包围了。但是，防止自我的入侵变得更为棘手，因为有两个更重要的原因可以解释我们通常无法"随心所欲地生活"，这两个原因是：

a) 心灵的求生意志太强大了，以至于它真正地感知到任何来自自我的干涉，并将其视作一种威胁！因此，即便当我们确实产生一种驾驭心灵的意图时，心灵做出如下解释，即我们将要铸成大错，不相信它能通过抵抗巨大的威胁，从而帮我们生存下去。与之相应，它开始奋起抵制自我，从而在"生存"和"意图"之间发起了一个拔河比赛。从这个角度来说，这是一次关于力量角逐的冒险，但是我向你保证，自我会赢得比赛，只要我们专注于比赛结果，并带着意图和决心为之努力。

b) 缺少警惕性——我们中的多数人只是没有察觉到一个事实，即通过有意图的行动，我们可以控制自己的心灵。毕竟，你曾多少次用这种方式解释这个生存过程呢？事实很简单，就是很多人在生存上花去了一生中的大部分时间，因为我们从未与"自我"取得一致，我们也从没有选择过一种叫作"带着意图生活"的方式。对于大多数人而言，这些事实模糊不清，因为忧虑和怀疑的漩涡总是在我们的鱼缸中打转。

然而，从现在开始，你将会发现一切，因此会有所选择。

3) 是的。鱼确实不知道它们身在水中，飞鱼除外，当它们抛弃了忧虑并向未知领域纵身一跃时，飞鱼就神奇地做出了改变并获得了启迪！

现在，你的选择是什么？

不论你之前是否曾思考过这些概念，我们迄今为止讨论的动态过程还是比较复杂的，可以说是令人困惑不清；因此，为了确保你正在逐步"理解这些内容"，我准备了一个小测验。在继续阅读后面的内容之前，你通过这个测试极为重要，我预感你会取得一个不错的分数。在任何情况下，请不要跳过这个测验——来享受这个过程吧……

选择题（帮助你找到答案）

1) 鱼不知道（   ）。

  a）充分了解让自己免于被更大的鱼吃掉

  b）加上少许黄油和西芹，它们的味道会更好

  c）它们正在水中游泳

2) 人类往往会有以下哪种忧虑。（   ）

—— 奖杯效应 ——

a) 我们会忘了自己将钥匙放在何处，之后就会迟到

b) 我们找不到一个合适的停车位，之后就会迟到

c) 我们不够优秀，不再被人关爱

3) 心灵的首要目的是（　　）。

a) 牢记我们将钥匙放在了何处

b) 想出我们迟到的诸种理由

c) 生存

4) 为了从生存和自我的拉锯战中解脱出来，我们必须（　　）。

a) 认真观察它的过程，并明白我们有能力选择

b) 有意地漠视内心的冲动，保留我们的看法

c) 用勇气和决心来取得成功和进展

d) 以上所有

5) 如果一个男人身上散发出新古龙水的味道，这显然意味着（　　）。

a) 他出轨了

b) 你应该翻查他的衣兜，找到一张写着电话号码的纸条

c) 你真的不知所措。但是至少新香水的味道更好，所以就不追究了

你做得怎么样？我知道，它没有那么困难——主要是因为我将所有问题的正确答案都放在了 c 的位置，当然，除了问题 4，我认为自己趁机强调了几个要点。无论如何，请注意这一点，你深信第三个选项很可能就是正确答案，并愿意验证这一猜测是否会一直正确。

你看，心灵依靠这类东西生存。它喜欢基于以前的事情来预测

将要发生何事。实际上，这是心灵让我们生存下去的方式之一——通过观察它过去如何让我们生存下来，然后依法炮制。归根结底，为什么不呢？即便是心灵，也对创新完全没有兴趣。不管怎样，请记住这条信息，因为我保证它很快就会对我们有用处。目前，继续我们的旅程吧！

* * * * * * * * * * * * * * * *

"每次当你想要重走老路时，问问自己是想成为过去的囚徒，还是做一个未来的先驱。"

——迪帕克·乔普拉（Deepak Chopra）

* * * * * * * * * * * * * * * *

笔记:

—启程—

第三章
连锁反应困境

好，谁准备好为自己赢得几座奖杯了？或者问得更准确些，谁准备好发现一个事实，即你自己一直都在赢得奖杯呢？希望你已经准备好了，解开**奖杯效应**之谜的时刻就要到来了，是时候发现这一动态过程在你的生活中如何一直扮演着重要角色了。你还会发现，一旦你理解并控制了**奖杯效应**，它将对你的未来发挥更深刻、更积极的作用！

然而，你必须首先接受有关最大的忧虑和生存的知识，你刚刚已经学到这些，之后才能继续前行。为了充分领会**奖杯效应**在我们生活中所发挥的作用，我们必须接受一种假设，即实际上，在我们的鱼缸中，不仅仅有我们自己，里面还存在着一种担心**自己不够优秀的忧虑**和一种想要维持（本能地支持）我们**个人观点**的强大冲动（这是我为什么在上一章结尾使用那个测试的原因）。即便如此，请相信一点，即我并不想将这些理念强加于你——然而，如果你还没有理解这些基本概念，我建议你复习前两章，直到理解了相关内容为止。

坦白地讲，如果你发现自己很难接受这些想法——尤其是认为潜意识中生存与意图的博弈显著地影响了我们的日常生活——那么这很正常，并非只有你一个人这么想。就像我之前提及的那样，心灵毫不关心你是否意识到这个动态过程，因为这种察觉可能促使自我产生更多的意图，从而更频繁地漠视心灵——这让心灵处于无休止的迷惑之中——而心灵只是想要做好分内之事而已！

鉴于此，如果你很难理解这一点，这是因为心灵（控制你的理解）不想让你理解它。明白了吧？这有点像你拿到了打开某个柜子的钥匙，但这个柜子外面还有一个上锁的柜子。

因此，一旦你理解了这个动态过程，意识到为了"拿到钥匙"，你必须有意地变成"胡迪尼（享誉国际的脱逃艺术家，能不可思议地自绳索、脚镣及手铐中脱困）"，由此才能"打开柜子"。因此，如果你理解了这一理念，那么我祝贺你，并表彰你的意图！

既然你已经拿起了这把锁，那么让我们继续吧！

首先，请允许我将我们的主要忧虑和保留它们的冲动之间的联系解释得更清楚些——这会帮你理解**奖杯效应**一开始就存在的原因。

苏珊·杰弗斯（Susan Jeffers）在其著作《面对忧虑，从容面对》（*Feel the Fear and Do it Anyway*）（我曾大力推荐过此书）中指出，如果我们故意想要获得一个渴望的结果，那么我们唯一切实可行的选择就是超越自己的忧虑，从而实现梦想。可以肯定的是，许多人通常都能克服某种程度的忧虑。然而，我们却很少发现自己能做到这一点，这是因为我们通常只是与微小的忧虑抗争——每次只与一种微小的忧虑战斗。实际上，如果心灵能了解它的方式，那么你我会终其一生都在谨小慎微地过日子。而且，尽管与微小的忧虑

— 连锁反应困境 —

斗争不可能让你在生活中得到应得的奖赏，但是你至少不会感觉到什么痛苦，能避免各种威胁，并幸存下来。

* * * * * * * * * * * * * * * * *

"为了能平安地过完一生，很多人一辈子都谨小慎微。"

——西奥多·罗斯福（Theodore Roosevelt）

* * * * * * * * * * * * * * * * *

　　实际上，每个人都在韬光养晦，让自己能战胜微小的忧虑。然而，越宏大的目标则会伴随越大的忧虑，这取决于你的心灵如何对待这些威胁。心灵会转入生存模式，并将你排除在外。你真的想让自己陷入尴尬和羞辱中吗？你真的想脱离舒适地带，开始冒险吗？

　　值得注意的是，你的心灵并非总是与你要达成的梦想背道而驰。然而，正如我们所知，它总是会引导你排除一切它察觉到的具有威胁性的忧虑（例如，你可能会输，做错事，被主宰，或是不能为其辩护）。因此，除非你的梦想非常高远，以至于你感觉自己必须实现这一目标，而且你的意图强烈到能让自我驾驭心灵，否则我们都清楚你不可能放弃。但是你会牢牢记住自己曾放弃过。

　　更糟糕的是，这种记忆发动了一个动态过程，让我们立刻回忆起自己以往放弃或失败的情景，因此让这些情景成为我们最糟糕的噩梦——这些"致命"的噩梦中融合了不愉快的回忆、最大的忧虑和我们的生存冲动，立刻从"我们的灵魂中抽离出来"，并让我们从最坏的角度感知一切。这个动态过程让我们意识到最微小的错误，并将其放大十倍！这个过程让我们将小挫折变成一座大山，之后，

—— 奖杯效应 ——

将大山直接放置在我们的人生道路上。

这个过程能对我们的心理产生如此致命的影响，那么，它到底是什么呢？

你猜得没错，是**奖杯效应**！

"那么，到现在你才告诉我'**奖杯效应**'是个坏东西吗？难道我买了一本让自己变成傻子（垃圾）的自助书籍吗？你猜怎么着？我觉得自己现在正感受着这一效应！"

好，请保持冷静。是的，**奖杯效应**要对世上所有的错误负责。然而，只有当你发现它、控制它，接着让它为你服务而不是成为你的阻碍的时候，才会如此。正如之前提到的那样，这是完全可能的——不是极有可能——用不了多久，在我们的旅途中，你会发现这一点……

此时，乃至以后，请试想一下，你已经确立了一个有意义的目标，并开始为之努力。正如你发现的那样，这让你感受到了忧虑——此时，你的心灵将你的目标视为威胁，并试图说服你放弃（如今，你明白了，心灵之所以要这么做，是为了防止你失败、受挫或感觉到自己很愚蠢等，从而让你活下去）。

特别需要指出的是，心灵所给出的放弃建议仅仅是因为担心"你不够优秀并能获得成功"，这已经在你上次放弃时得到了部分证明。

当然，上次你之所以放弃，不仅是因为心灵基于类似的忧虑而说服你这么做（例如，你不够优秀，无法获得成功），还因为上上

— 连锁反应困境 —

次……你放弃了！当然，心灵之所以那么做，是因为它已经证明了你不够优秀，这又因为你上上上次放弃过的事实，那又是……好吧，你已经搞清楚了，是吧？你明白其中的门道了没有？你要不要休息一下来杯咖啡？

记住，心灵的首要目的是面对威胁时，能让你幸存下来。在这种情况下，威胁/忧虑在于你可能会因为自己不够优秀而不能取得成功——因为数不清的证据可以证明这一点。无论如何，你曾经放弃过，你曾经退出过，更为重要的是，你曾经做出了无数次这样的选择！

同样，心灵不关心其他的因素，也不想弄清楚它们的成因。就像其他动物身上所表现出来的一样，心灵最大的爱好是让你免受伤害，它压根就不关心自己是否犯了错误，也不关心你对此开心与否。因此，心灵完全了解到一个事实，即它收集了你曾失败过或你不够优秀、无法成功的证据，引发了这种场景！它所了解的就是你一次又一次地反复做出放弃的决定。在这种情况下，你不仅经常半途而废，而且你还一定非常愚蠢！

你一点也不傻——你只是曾被牢牢地困住，无法理解**奖杯效应**那恼人的子过程，我将其称为"连锁反应困境"。

不幸的是，由于每个人都有心灵，所以这种情况无法避免——而且，我们一旦受困于这个动态过程，那么根本就不会有任何出路！实际上，如果没有任何自我的意图或外在的干涉，我们注定会一辈子在这个恶毒的圈子中打转。我认为，这恰恰就是大多数人正在经历的生活。

当然，既然你发现了连锁反应，那么你就会有能力观察它的产生过程，并超越它。然而，这需要你持续关注一种后果，并以坚定的意志朝这个方向努力——因为心灵一直会试图拖你的后腿，迫使你放弃。毕竟，这是它的职责所在。

好了，你能跟得上吗？我相信你可以，因为我们要探索得更为深入，进入**奖杯效应**的内部。深入心灵的记忆容器，它在这里将你我不够优秀的所有证据一一列出。实际上，我们要"戴着矿工帽和丁字斧"继续前进，用我的话说，我们得卖力气好好干了。我们要采取点实际行动。我们将要进入你的心灵，从而能观察**奖杯效应**到底是怎么一回事——最后准确地找出**奖杯效应**如何使我们想自己之所想，感受自己之所感。我们将要揭开它的运作过程，并随之将其击垮！

如你所想，接下来你需要格外警惕。虽然我已经建议你足够地投入，但是如果你想要"得到"结果，那么按我说的做将会尤其关键——这就意味着要完全理解是什么让你深陷在自我怀疑中，领悟到你最终将如何取得一切应得的成功和幸福！

为了实现这一目标，我鼓励你遵循所有的指导，让自己完全接受这一隐喻。我还建议，当我要求你思索某一问题时，你要停止阅读，坦白回答，然后将答案写在日志或是便笺本上。审视自己的心灵，发现事实。

坦白地说，这是个相当简单的过程，但它也极具效果——或者说，至少该过程非常有效，前提是你只让我引导你，而不再让其他东西左右自己。

你准备好了吗？很好，因为我们就要开始了！

— 连锁反应困境 —

第四章
旅　程

　　好，我们行至此处，欢迎来到你的心灵中！

　　希望你正享受这一旅途，并了解了一些有价值的知识。可是，有句俗话说："这还不算什么，还有更让你大吃一惊的东西呢！"

　　我们的任务相当明确，目前我们已探索到并学到的一切，都是为了让你为此时此刻做好准备，也就是为了能让你亲身体验**奖杯效应**。在此，我们亲眼见证了**奖杯效应**是如何运作的。在它的地盘里"抓个现行"，了解并承认这一效应的能量，也由于它如此简单且令人惊叹。

　　但是，当我们开始达成这一目的时，你还应了解另外一点——这是我引领你体验这个过程的原因，也是我写作此书的初衷。我曾有过这样的经历：我曾经沮丧得一个月都不能下床，我非常清楚生活在自己不够优秀的忧虑下是什么滋味。我清晰地记得那种感受，即认为自己不够完美，并无法掌控未来——同时，还甘心做个"微不足道的人"，如此度过余生……

　　幸运的是，这不是我的最终选择。与之不同，我开始了自我发现的旅程，最终唤醒了心灵深处的自我意愿，本书曾在他人身上起到了同样的作用。这个旅程赋予我力量，让我能跳出自己的鱼缸

（我以前压根不知道有这个鱼缸的存在），由此让我"按照自己的目标"生活着。而且，由于当时我被某种觉醒的力量所改变，因此现在，我将这些文字写下来，想要唤起你类似的体验！

简单地说，我揭示**奖杯效应**的最终目的是让你能从反应性的生活转变到按照自己的意愿去生活。让你能感受并了解自己完全可以掌控自己的生活！这是我们在此书相遇的原因，这是为什么我们学习有关生存的东西，为什么我们了解连锁反应，为什么我们要穿过一个非常重要的门口。还有，为什么我们的旅程才刚刚开始……

当然，我已探索过你的心灵——但迄今为止，我向你解释了真正发生了什么，那就是"鱼"，而且我将要带你迈出水来，让你回头审视它。你可能正在读我写的东西，甚至可能理解了这一概念，但是由于你还没有亲身去做，所以你无法体验到相应的影响。所以，你别无选择，只能深入了解生存及许多与生存相关的大事件，对吧？完全正确。实际上，你现在应该充满期待，可能还略微不耐烦，有点像"赶紧让我看看那该死的水吧！"如果情况如此，没关系，因为我只是要抛砖引玉，确保你已经完成了热身，并准备起程了。

毕竟，人们不经常进行心灵之旅——这是为什么我要鼓励你收集你所有意图，重启你的视觉化技能，并全力以赴！

显然，如果我（在辅导课程中或在工作坊中）激活这一过程，那么我会要求你开始闭上眼睛（以便能更好地将我所说的东西形象化）。然而，由于你不能闭着眼睛看书，所以如果你能让自己沉浸到一种更为放松的状态中，那么你会发现，你将能轻而易举地将读到的东西形象化。

现在，请你马上进入这种放松的状态中，想象自己站在一个气

—旅　　程—

势磅礴、宏大又平静的空间里……然后想象你看到的东西是你的心灵。

正如你在这个空间中看见的一样，我提醒你注意观察此处缺少了什么东西——另外，在这个你我所处的大"房间"中，你还可以感受到光和自由。让自己安静下来！实际上，只要我们稍微提高嗓门，那么我相信我们就会听到回声……

现在，想象你的自我已经聚集在一起，设想这个房间有很多紧闭的房门。除了这些门，你看不见其他的东西。然而，因为我们寻找的正是一扇门，所以你正处于正确的位置——很快，我们不仅会发现这扇门，而且还会进入门内……

但首先，我还想让你看看其他东西，想让你认识某个人。在房间的深处，你"看见"纯黑色的窗帘了吗？（此时，你应该回答"看见了"——如果你抵触这个过程，那么我建议你放弃，先锻炼自己的形象化技能，然后再继续这一过程。）

非常好，我很高兴你看到了窗帘。

现在，我们开始走向这窗帘（你应该开始想象自己正在跟着我走路），我必须警告你，我们并不该回到那里，因为那片区域显然不对游客开放。但是，因为这是你的心灵和你的旅程，你来这儿的目的就是为了学习所能学到的一切，所以我现在只是去拉开窗帘。

见鬼！你见过窗帘如此快速地被拉上吗？或是听到有人如此大声地喊叫"走开"吗？这就是生存的反应！然而，这显然证实了我刚才关于回声的话，不是吗？无论如何，我们不要认为这是针对你，因为显然某人此时的心情不宜见客。我的确很想让你回头看看发生

— 奖杯效应 —

了什么事，因此我们稍后肯定会回来。现在，让我们继续前行，不要理会窗帘后的那个家伙……

现在，让我们来进行一个突击测验！人类感知一切事物的"过滤器"是什么？

a）我们不够优秀

b）过去我们曾放弃过，因此我们有证据证明自己不够优秀

c）我们以前曾放弃过，并还会再次放弃，因此我们一定不够优秀！

肯定如此！你我都不够优秀！请注意，你不必有意识地思索这些选项，因为心灵的潜意识已经为你给出了答案。因此无论你的心灵让你考虑多少次这三个选项（每当它察觉到危险时，就会发生同样的事情），无论你选择哪个答案，你都输了！具有讽刺意味的是，你的心灵实际上认为这是"胜利"，因为它只是确认了它已经认为是正确的东西。此外，这适用于我们每个人，因为只要是人，我们自然拥有忧虑"a"，而且由于连锁反应困境，我们还有忧虑"b"和"c"。真是中了大奖了！

好吧，既然你已经"通过"了这个小测验，现在，让我们为自己找一扇门如何？当然，不是随便找一个，而是正确的门。我们来这里寻找的那扇门，能够带我们走出生存迷局并进入意愿领域。

因此，现在，我们回过头，让你的自我沉浸在放松的状态中，回到那个到处是门的巨大空间中——想象自己朝着房间边缘移动，越来越近。你发现自己正在靠近这些门，同时我提醒你注意，有些

— 旅　程 —

门不仅比其他的门要大，而且还看起来更好。当你走近这些门时，注意到没有，虽然很多门看起来似乎没有被打开过，可是其他门却显得破旧，已经被用过好长时间了。此外，你会注意到所有的门现在都是紧闭的……

幸运的是，每扇门前都有一个牌子，每个牌子上都写着字，这意味着，如果我们只是"按照牌子上的提示一直走下去"，我们就会毫不费力地发现正在寻找的目标。我们马上就要走到第一扇门前了……

这扇门上面写着——

	数据处理中	不，那不是我们要找的。
那么是旁边这个？	短期记忆	它很重要，但也不对。
这个更大些：	长期记忆	谁都会这么猜，但不是。
这个更酷：	幸福的记忆	很好，但现在还不行。
这个有趣：	幻想	嘿，让我们偷偷看一眼！是个否定答案吧？
是这个吗？	身体机能	让我们继续往前走，好不好？
这个好大呀：	错误	你离正确答案很近了。
有可能是它吗？	糟糕的记忆	也许是个装满东西的房间，但不对。
啊，我们到了！	奖杯房间	找到啦！

我们找到了！欢迎来到你的**奖杯房间**。

这扇门看起来不赖，是吧？虽然它看起来非常破旧，特别是下方那个部位，那是什么？被人踢过的痕迹吗？你会注意到它似乎并

— 奖杯效应 —

非总是紧闭着。那一定是门锁——它看起来相当松垮。我要告诉你，这扇门被使用过许多次……

显然，这扇门也有过光辉的岁月。但之后，它不是我们开始看到的那扇门了。这是门的另外一侧。即便如此，我们依然没有进到里面……

你看，当我们要穿越这道门时，你将要体验到真相。但是，在我进一步解释我们为什么正站在这扇门前，或是我们为什么将要穿过这扇门之前，你不大可能发现这间屋子的奥秘，当然也发现不了其中的含义，其实它跟你的储藏室差不了多少。

很显然，我们经过长途跋涉，你已经学到了很多——但是我并不想很快就带你穿过这道门，开始辛苦地工作。我一点也不介意你像游客一样，在屋子里瞎逛。

同样，我并不是要在此告诉你**奖杯效应**是什么，否则在开始的章节中，我就会给出解释（现在，你变得"更聪明"了）。与之不同，我想让你亲自获得深刻的体验，一生无法忘怀。因此，除非时机已到，或者理由充分，否则我不愿意你走进自己的奖杯房间。

坦白地说，只有一个方法能让你从**奖杯效应**中获得应有的收益，即每次得到一种领悟，到目前为止，这是**奖杯效应**的游戏规则，也是我们再一次停下来的原因。

然而，我们正要开始一次最坦白的对话……

— 旅　　程 —

笔记：

　　随着这一过程的开始,你会按照要求,用日志或便笺的形式记录下自己的领悟。虽然你可以只记录下自己观察到的个人的精神足迹,但是我强烈建议你按照提示将一切捕捉到的思绪写下来。

— 奖杯效应 —

第五章
寻找证据

坦白说吧，你真的愿意让自己不够好的忧虑如此影响你的生活吗？或者说，你相信自己是温室中出生的花朵，或是相信自己曾设法摆脱这一担忧给你的庇护吗？如果是这样，那么我劝你最终接受一种可能性，即你受到了这种忧虑的影响。因为只有认识到困难的存在，才能真正克服它。

实际上，我们都认识那些漠视了这一忧虑从而获得成功的人。我们中的大多数人都拥有无与伦比的才华，获得了数不清的学位，或是积累了大笔财富。没人能否认人类拥有创造奇迹的能力。

然而，如果你愿意质疑它，你会注意到，在这些丰功伟绩背后的主要力量之一，就是向我们自己和他人证明：我们是足够优秀的！！！

当然，有的人之所以采取了有效的行动，仅仅源于他们受到自己意愿的驱使，并下决心做出成绩来。但是，即便有些人能够按照自己的意愿生活，在其心灵深处，他们仍然存在着担心自己不够优秀的顾虑——并莫名其妙地认为我们之所以获得成就，是因为漠视了这种忧虑，而不是因为它根本不存在。因此，如果我们彻底地开诚布公，那么我们就会承认，自己花费了一生中的很多时间来证明

— 寻找证据 —

我们是足够优秀的。

那么，为什么我们觉得有必要去证明自己足够优秀呢？因为我们害怕自己不够优秀。

现在，除非你生活在石头下，或是真的一直在闭着眼睛读书，否则你会发现从一开始，我就在强调这个前提。但是，如果这是真的，难道你不该反思一下最近的经历，并回忆一下自己存在这种想法的时刻吗？难道你无法想起下面这些具体的例子吗？即你因为落后而产生挫败感，或是以其他方式体验到自己不够优秀的忧虑。

当然，你理应如此——而且不久后，你就会发现不止一个此类事例，而后它们会成为你通往奖杯房间的门票。

这张门票有什么用处呢？

我们即将要揭示的是连锁反应困境背后的那个秘密，因此每当你进行选择时，你就能彻底地摆脱这个困境。你还会发现自己更容易感到阻碍而不是被激励的前因后果——这还让你能按照自己的意愿去选择受到鼓励。最后，你百分百会了解，在生存和意图的拔河比赛中，你永远拥有决定权。从这个角度看，你认为自己将会更经常与哪种力量结盟呢？

就像你想的那样，此过程深刻地影响了那些接受了以上观点的人。然而，在长达几天或几周的课程之后，这种影响更加明显，因为有种更高层次的意识改变并取代了他们"过去的现实"。因此在我们的旅程结束时，你可能无法立刻彻底感受到有什么变化。然而，我向你保证，随着时间一点点过去，你会与众不同，你的"选择能力"也会日益显现……

最后，我建议你允许自己被将要发现的东西所打动。请拭目以待,见证真相。记住,你的心灵不想让你看到一丁点的真相。它会将其看作一种威胁。因此,我甚至建议你不要让自己的心灵参与到这个过程中来,坚持你自己的意愿即可。

既然我们"登机前"的行李列表已经准备就绪了,那么让我们来讨论几个重要的问题吧!

事实上,如果心灵能够证明你既不够优秀,而且还习惯退缩(这是连锁反应困境的衍生品),那么每当你想要获得某种东西时,难道心灵不会很自然地质疑你,认为你不能胜任这一工作吗?难道它没有理由怀疑你坚持下来的能力和意志吗?因此,难道心灵不会将你本人视作自己生存的一个威胁吗?

来吧,你能给出答案。显然,答案是肯定的。你认为心灵多久就会面临这种忧虑呢?是的,在每一次你树立了某个目标时,特别是当你开始为之而努力的时候。从这个角度说,心灵评估了你成功的可能性,并衡量了你失败的风险(由此让你失败,显得愚蠢等),它会将其视作对你的生存造成的威胁。接着,在斟酌了你的能力(不够优秀,无法成功)和你类似的经历(退缩者)后,它决定如何让你在面对此类情况时能生存下来,并向你提出相应的建议。此外,在得知你既不够优秀也不可能坚持下去之后,你认为自己会得到什么建议呢?

那么,心灵如何做出这些评估呢?它如何确定即将发生的威胁,并让我们生存下去呢?如上文提到的那样,每当心灵察觉到一种危险时,它翻查你的过去,寻找你应对类似威胁的经验(当然,鉴于你依然活着,你肯定有过那种经验)。例如以下情形,你可能曾经感到尴尬、显得愚蠢、觉得受到控制、犯错、有无心之失、失败或只

——寻找证据——

是放弃过——却漠视以上情况而存活下来,或是因为此类事情而生存下来。

在这类情况下,一旦你的心灵将其视作一种威胁,开始在你过去的经历中寻找最好的应对措施时,它其实是在寻找以下两种东西之一:

1) **你不够优秀的证据**。由此证实它的怀疑,即你是自己生存的一个威胁。它一旦找到这个证据,就一定会马上让你放弃。换句话说,简单快速地让你出局——为了达到这一目的,它会让你半途而废,划清界限,表现得茫然,假装要接个电话,借口上厕所等等。而且,如果心灵能找到直接证据来证明你不够优秀,那么它就会建议你放弃,就此打住,以此来更快地解除威胁,让你生存下去。

2) **你面对类似危险时的亲身经历**,你采取过某些形式的行动,并最终存活下来。如果你对该选择深思熟虑,那么你会发现,这将包括一切类似的情况和你曾采取过的所有行动——因为不管你是否对结果满意——反正你依然活着!!

好了,让我们假设你就是一个心灵,并察觉到了一种危险。你必须要在多么短的时间中作出反应并采取行动呢?眨眼之间,是吧?而且,每当你察觉到危险并清楚自己要筛选相当多的过往事例时,难道你不想提前将那些事例整理得井井有条吗?

例如,如果你察觉到这样一种威胁,即当你走到一小群人面前去演讲时,你产生稍许不适,鉴于你六岁时在全班同学面前朗诵诗歌的经历,你想让自己的心灵做出与之相同的反应吗?实话实说,

— 奖杯效应 —

之后你可能会尿裤子吧——当你的心灵在过去的经历中搜寻的时候，这可能不是它提供的首要选择。

如果你是一个面对着威胁的心灵，急需做出一种生存的反应，那么当压力逼近时，你就没时间捋顺这些杂乱的亲身经历。因此，它何时才最有可能评估并整理这些事例呢？

如果你需要在图书馆找某本书，当图书管理员整理一大堆杂乱的书籍时，你会耐着性子等待吗？还是你更希望在自己到达之前，书籍就已经被整理好了？与之类似，如果你是一个心灵，你存储这些过往经验的唯一原因是自己之后可能会需要进行参考，那么，在你将其存储起来之前就去评估、分级并整理它们，难道这不是个明智的选择吗？

当然是了，由于你的心灵非常聪明，它正是这么做的。它涉足你的过往经历，找到一个事例，把你和担心自己不够优秀的忧虑联系起来。你能否发现，其中某些事例显得更为深刻，由此让你产生更强的焦虑或担忧呢？换句话说，你能否发现有时候一个小失误就可能让你对自己非常气恼（因此它成为提醒你自己不够优秀的警示牌），与之相对，有时当你遭受更大打击或感觉更糟时——它不仅是提醒你的警示牌，而且它还会成为你不够优秀的证据而出现？

仅仅通过审视你自己的经历，你就会注意到，因为害怕自己不够优秀，你的心灵从未漠视过任何此类情况。实际上，它熟练地对这些事件进行评估和分类，从而决定哪些经历是"警示牌"，哪些事件可以做"证据"。此外，你会发现，这一切都在潜意识层面以极快的速度发生着，这意味着除非你有意识地寻找它们，否则你丝毫不会有所察觉——这是为什么你无法在其发生前就感觉到的原因！

— 寻找证据 —

现在，就心灵如何对这些过往经历分类（我们很快就会亲眼看到这一过程）而言，让我们假设它依据"从1到10"的等级进行评价，并设法决定忽视那些3级和3级以下的小事。由此得出，它必须将那些4级和4级以上的事件区分为证据，或是"筹码"。这有点像渔夫留下所有的大鱼，并把小鱼扔回水里。与之类似，你的心灵一直"捕捞着筹码"。

因此，每当心灵发现这些"筹码"时（它每次发现危险时，几乎都会如此），它会怎么处理这些事件呢？没错，心灵将其保存起来。另外，这些被看作威胁的"筹码"维持着连锁反应，它们会被心灵放于何处呢？它们证明了你不够优秀，总是退缩，并对你的生存造成威胁。心灵在哪里存储这所有的证据呢？在将警示牌与证据分离后，心灵在何处存放这一切，以供今后参考呢？

当然是在奖杯房间里。

因此，现在你明白了。但是，知道奖杯房间里有什么东西还不够，因为真正重要的是要了解这个房间中发生了什么以及怎么发生的——你将要亲自揭开这两个问题的答案。

记住，我向你保证过，除非时机已到，除非理由充分，否则我们不会进入你的奖杯房间。当然，我可以直接告诉你里面的奥秘（实际上，从某种程度上说，我已经这么做了，因为你现在明白，这就是你的心灵储存你所有"经历过的事件"及心灵的一切证据所在）。

然而，为了完全理解这扇门后发生的一切，关键是你要跟随心灵自身一起进入奖杯房间——从这个角度说，你将能在心灵采取行动的同时，发现它所做的事情。换句话说，你将能当场逮住它……

— 奖杯效应 —

第六章
一份合理的报酬

我们如何才能去"当场"逮住你的心灵呢？你将如何发现**奖杯效应**的运作过程呢？

这很简单。丢给你的心灵一个事件，接着观察发生了什么。你将要目睹心灵对该事件进行评估和分级，继而将其当作证据存储起来。你会冷静地亲眼看到心灵是怎么完成它的任务——包括它如何珍视并进而守护这一证据的。从这个角度说，你会看到处于荣耀之巅的自我。

当然，为了促使事情如此发展，我们必须首先确定一个事件——你要酝酿情绪，开始在你的记忆中找到一个这样的经历，因为我们将要"扔给"心灵一个你自己的事件。到最后，请回想前几天的生活，或者刻意回想你可能放弃或失败的场景。在这个场景中，你没有坚持下来，并因此能让你清楚地记起自己不够优秀（或是想起因为不能实现某个目标，而感觉自己没有价值、能力不足或沮丧）。

此外，你的目标是回忆起一个你可能犯错或是显得愚蠢的事例，以及一种你没有达到自己的期许或让他人失望的情景，特别是你产生了诸如"真蠢"或"真失败"之类的想法，或记起你曾质疑过自己的价值。当你回忆起类似的情感时，一旦你至少确定了一件事例，

—— 一份合理的报酬 ——

那么请将它记录在你的日志上。

你有过这样的经历吗？

如果没有，请不要再读下去，直到你有了类似的经历，再继续吧。

* * * * * * * * * * * * * * * *

辅导：当你试图找到这种事例的时候，请明白一点，即你很快将要了解到，面对一切此类记忆时，如何才能保持积极心态和自己的意愿。这意味着在此过程中可能产生的一切消极情绪将很快被自由和欢乐的感觉所代替。

* * * * * * * * * * * * * * * *

记住，我们的任务是亲眼观察你的心灵如何处理并控制这样的事例，这将需要你跟随我的脚步，因为我会陪你一起体验这一过程。显然，我无法评论你的想法或体验，因此与之相反，我会为你描述曾体验过这一过程的某个客户的经历（他大方地允许我跟你们分享他的故事）。当你读到他的经历时，希望他对我的问题和建议做出的反应、他的领悟和突破对你产生影响，并给你启发。

在我们共同体验这一过程时，我要求你让自己同时站在他和你自己的立场——将其合二为一——从而发现他的所见和所感。一旦你能做到这一点，我深信你会意识到，你能看到自己心灵处理相关事件的整个过程真实地再现出来。如果是这样，你将永远无法忘记自己将体验到的东西。你会永远知晓真相。

因此，让我们开始吧。你和我，还有杰森（Jason）……

— 奖杯效应 —

我指导过的最卓有成效的体验之一是与"杰森"一起获得的，他是一位居住在曼哈顿的长期客户。一开始找到我时，他跟我抱怨自己不能坚持完成简单的工作。杰森是个令人好奇的人，自己已经有了收入可观的工作。而且，杰森异常聪明，热爱生活，他不仅为母亲支付了心脏手术费用，而且还为两个兄弟的婚礼埋单，他为此感到自豪。另外，他总是觉得，无论自己多么优秀，还是应该要做得更好——因此，他常常倍感压力，很少感受到应得的幸福或成功。实际上，不管多么成功，他都承认拖延症只是他的几个不良"习惯"之一，他觉得这是由于自己缺乏自信。因此，即使毕业于纽约大学这样的名校，杰森依然常常感到自己不够优秀。

你看，杰森根本不可能知道自己"生活在鱼缸之中"，也不知道自己的忧虑是心理层面的，而不是身体的，然而他确定自己的担忧是身体上的，因为他能证明这一点。尽管他的生活非常圆满，但是实际上，他却能找到自己不够完美的证据，例如每个月都不能按时完成并上交财务报表。虽然这是个简单的任务，但他一次又一次地与之搏斗。因此对杰森来说，这个问题毫无疑问能证明自己不够优秀——这是我们选择此事件和情景的原因，它是杰森进入奖杯房间的门票。

我继续描述这一过程如何对杰森发挥作用。此时，请你找出一个亲身经历过的事例（如，你自己也担心过自己不够优秀），并作为旁观者仔细观察他获得的领悟和你得到的启示……

此时，我建议杰森在头脑中描绘一个这样的时刻：他因为自己不能完成财务报表而倍感挫折。实际上，有好几次，这种挫败感在上交报表的前一天就出现了，这时候，他就开始向自己保证，能在

—— 一份合理的报酬 ——

中午 12 点前完成报表。当他没有完成这一目标时，他再次立志能在下午两点前做完，失败后又会制定出下午 4 点完成的目标——如此反复，直到最后他上床睡觉时，他还没有完成报表。因此，每逢他不能成功完成既定任务时，他就会产生一种无力感（出现自己不够优秀的担忧），这让他将此类经历联系到一起。即便如此，我建议他找出并关注一件特殊的事例。

在这种情况下，重要的是要意识到一点，杰森无法按时完成财务报表的原因其实是无关紧要的。不管是因为他被更重要的事情拖住了，还是因为接到了一个紧急电话，抑或只是因为他选择打电动游戏去了——他还是没有履行承诺。记住，心灵永远在寻找你不够优秀的证据——而不是质疑证据的原因。因此，就他的心灵而言，杰森之所以不能按时提交自己的财务报表，正是因为心灵正在寻找此类的证据。

现在，回到你的事例，请试着进入到一个类似的具体情景中去，回忆自己感到不够优秀的事例。一旦你想起那种感受及相关的经历，请将其写在你的日志上，以此，我们就能开始分析你的事例是否有价值了……

在建议杰森需要做出这一决定后，我要求他回想并说出他的事例发生的时间，在那时，他是否真的感受到自己不能完成财务报表，"强烈"到认为自己不够优秀，还是只是将其当作一个警示牌（毕竟，这又不像他开着保时捷撞到电话亭）。他向我保证，他能清楚地记起自己不够优秀的感觉，因此他将其视作一份证据——这意味着该事例确实是个筹码。

为了达到同样的效果，我建议你做出类似的评估。因为为了能

— 奖杯效应 —

进入你的奖杯房间,你必须满意地找到一个事例,能够充分证明你不够优秀。如果你认为自己的经历只是一个警示牌,而不是证据,那么请"扔掉它",再寻找另一个事件。一旦你成功地发现自己的事件是个筹码,你就可以继续了。为了确定这一点,让我们开始回想……

在这一过程中,杰森已经将其事件确定为筹码。现在,你同样也找到了自己的事例,并同样满意了,是吧?换句话说,你已经想起一件可以再现以下情景的事例,即毫不犹豫地认定它是自己生存的威胁了;这正是你与自己不够优秀的担忧面对面交锋的时刻,并要战胜这一忧虑。这也是连锁反应骗你上钩的时刻,你会卷入其中。在这个事例中,你如此质疑自己,以至于你成功地发现该事例是一个"筹码",对吧?

好吧,我的朋友,此时,你就成功了!你找到了自己的事例——你的筹码——它最终会让你亲身体验到**奖杯效应**。你已经获得了进入奖杯房间的入场券。

然而,在我们带着你的"事例"穿过这扇门之前,我必须提出一个终极问题:你到底认为自己带着什么进入了这个房间呢?你将要把什么东西永久"保存"起来?这件能永远让心灵当作你不够优秀的证据的东西到底为何物?一张门票?一种证据?还是一个筹码?

我想都不是。

不,心灵需要更多的东西。毕竟,你所拥有的只不过是确认了心灵的最大忧虑;它会将这一忧虑骄傲地看作你再次失败的证明,当作是你自己生存的一个威胁。你将要带着某些有力的证据,证明心灵只是履行它的职责而已——此时,你证明了它的选择是正确的。

— 一份合理的报酬 —

你收获的是一件宝贵的纪念品,你的心灵会永远将其视作珍宝。因此,你带进这个房间的东西是做好一件事情而获得的"奖励"而已!

一个人会将什么类型的奖品存到奖杯房间中呢?

你猜对了,是**奖杯**。

— 奖杯效应 —

笔记：

—— 一份合理的报酬 ——

第七章
敲门

请帮我个忙。观察一下你的奖杯,然后告诉我上面写着什么。

奖杯上一片空白,是吧?在这种情况下,一旦我们进入了奖杯房间,你怎么会知道要把奖杯放到何处?

此时此刻,我们唯一可以确定的事情就是,你因为证明了自己不够优秀而奖励给自己这座奖杯;但难道这个房间中的其他奖杯不也是这么来的吗(毕竟,难道这不是它们在此处的唯一原因吗)?因此,在进入房间之前,你认为肯定发生了什么事情呢?

正确!你必须设法把你的奖杯"铭记于心",才能让它存放在属于它的位置上。虽然在通过这扇门之前,你可能不一定知道应将其放归何处,但我们肯定知道,你不会漫无目的地将它丢进去,草草了事。

坦白地说,我们根本无法得知还会在该房间见到多少个奖杯,但即便这是第一座奖杯,我肯定你会同意一点,即为了给今后提供参考,你依然需要保证给它"做好清晰的标记"。

如我承诺过的那样,我们要看你的心灵对你的事例——也就是你的空白奖杯——进行"评估和分级"。此时出现了一个问题,即必须要完成该任务的"心灵"是谁?你又猜对了——是你!像之前一样，这都与你有关。然而，与其他所有状况不同，这次你会完全意识到一个事实，即你正在做着这件任务！

* * * * * * * * * * * * * * *

"只有改变一个人看待自己的方式，才能改变这个人。"

——亚伯拉罕·马斯洛（Abraham Maslow）

* * * * * * * * * * * * * * *

感觉就是力量！实际上，你已经在评估、分级并存储这些奖杯房间中的生活经历了。除此以外，在生存和意图的拉锯战中，你也算是一名老兵了。当你还是一条小鱼时，你的鱼缸里就有了担心自己不够优秀的忧虑了。更不用说在你能读书识字前，就已经陷在连锁反应中了！以前（你阅读此书前）和现在的唯一差别就是，现在你知道了真相！现在你意识到了一切！

一旦你走出这个房间，发现**奖杯效应**的"秘密"，你会真的相信自己已经知晓了一切。当然，与其他一切刚获得的知识一样，**奖杯效应**最终如何影响你完全取决于你怎么处理它。然而，由于你不太可能会忘记自己将要观察什么，所以你会一直记得该怎么做……

鉴于目前已经揭示的事实，但愿你已经采用全新的（更为振奋人心的）角度看待事物。一旦进入到奖杯房间中，你将能接触到这一旅程中的"电灯总开关"，因此能更清楚地发现摆脱自我怀疑和消极性的生活前景。用不了多久，质疑你所有意愿的"微小声音"的源头很快就会在你面前出现，由此让你最终能够彻底摆脱它，获得自由！

— 敲　门 —

你准备好摁下这个开关了吗？你当然准备好了。但在摁下它之前，你手头还有最后一个任务——除非你将自己的奖杯进行评估和分级，否则你会前功尽弃，一事无成……

简而言之，你仅需了解自己如何赢得的奖杯，以及自己在何种程度上确定该事例可以证明自己不够优秀。

首先，你是因为做了不明智的决定才为自己颁发了这一奖杯的吗？你是因为受人欺骗或侮辱才赢得了这一奖杯吗？是因为输掉了某些东西，所以你才得到它吗？你是否被炒鱿鱼了？你是否被男朋友或女朋友甩了？或者，你是否由于某些更不起眼的原因——例如拖延症或只是犯了小错而得到这一奖杯呢？

在任何情况下，假设你知道了自己得到这个奖杯的原因，接着就要确定在什么程度上——从 1 到 10 分级——你认为这一事例能证明自己不够优秀。在回忆时，回溯到你最初感受这一威胁的时刻（这是一开始你得到这一奖杯的原因），你进行了类似的潜意识评估——当时，你将这一事件至少标记为"10 级中的第 4 级"，否则你不会将其列为证据。

带着这样的想法，请再一次回想这一事例。只是这次，请你回想这样一个具体时刻，即你感觉自己不够完美，或认为自己不够优秀，并注意到自己在那时是何感觉。回想一下，"体会"这一证据。当你有所感受的时候，请将感觉进行分级（同样还是从 1 到 10 级），并将其记录在你的日志上。

对于杰森来说，他由于自己不能按时完成财务报告而如此沮丧，以至于当我向他解释这一过程，并让他将自己的事例分级的时候，他马上肯定地说："15 级，可能更高。"你能从他的评估中得知，杰

— 奖杯效应 —

森不仅想"跳出柜子"（从"1 到 10 的柜子"），而且还想要提醒我（现在，是你）一点，即这对他来说事关重大。在这一事例的启发下，如果你现在觉得自己的事例需要被标记为更高的等级，那么无论如何，请赶快写下来，并再次告诉自己这一事实。

另一方面，如果你想不明白人们为何能将拖延症划归这么高的等级，那是因为没有一个关于**奖杯效应**的普遍分级系统。虽然心灵不会真正地将每个事例都进行分级，但毫无疑问，它使用了某种形式的等级评估系统，使得每座奖杯都能按照相应的类别储存在你的记忆中。

至于你的分级系统是否与他人的标准一致，谁又知道呢？我们每个人都按照自己的方式看待事物，因此我们根据自己的看法对其分类。所以，如果杰森认为自己的事例应该被标记为"15 级"，那么该事例就对他发挥了相同程度的影响。此外，对于你自己的评估而言，你应该想想你自己产生了什么样的体验……

记住，我们的目标是，尽可能仔细地复现心灵的评估方式和分级过程，包括如何确定奖杯的存放地点及其他有关事项。这些是**奖杯效应**的核心内容，也是我为什么要花如此多的时间来解释每个小的动态过程，解释每个特点，并激发尽可能多的领悟的原因。虽然这一过程可能会非常复杂，但是从心灵的角度说，这一切都"再正常不过了"。

实际上，唯一不同寻常的就是这个动态过程进行得异常迅速。因为虽然我们也许能一直详细分析这一过程，但实际上，就在奖杯房间中，心灵察觉到一种威胁，对其评估并分级，再给出你相应的建议，所有这一切都发生在眨眼间！

当然，在察觉到威胁后，心灵接下来给出建议的作用（实际上，是再次作用的）过程（例如，你立即做出的反应，包括你所说所做的一切和之后你或别人因此做出的一切反应）经常会引发一连串的反应，这些反应肯定会持续数个小时，甚至好几天。然而，这是**奖杯效应**的特点，我们稍后会详细讨论，因为我们的首要任务是，发现它是什么样的，以及它为什么能如此控制你的思想。这正是我们接下来将要做的……

既然你理解了自己如何及为何获得了这座奖杯，完全能将其与你的事例联系起来，那么我们最后要准备进入你的奖杯房间了——这是个"记忆的仓库"，**奖杯效应**将此地视作家园。这是它的领地。这是它发挥威力的地方，它一直在这么干，你甚至对此毫无察觉！至少以前察觉不到。

我们的意图依然是要尽可能真实地复制这一动态过程，因此你就能理解并领会自己心灵的功能。虽然我们将这一过程展示得极为缓慢，但请记住一点，即你将要看到的整个过程都发生在转瞬即逝间……

最后一次核实！

你：
- ❋ 准备好了自己的奖杯
- ❋ 明白自己如何得到奖杯并如何对其分级
- ❋ 明白自己将要把它存储起来，作为以后的参考
- ❋ 还明白在现实中，察觉到这一威胁并获得这座奖杯，一切只

需片刻的时间

✿ 清楚自己要有意识地去做的，是以前自己一直无意识地做的事情

✿ 好奇在这个房间中可能发生何事，这些事能够有如此大的力量去支配你的思考

✿ 盼望我赶紧闭嘴，让你进入奖杯房间

你都准备好了吗？那么我们出发吧！
请允许我去开门……

* * * * * * * * * * * * * * *

"对一个已经征服了自己心灵的人来说，心灵是他最好的朋友。但是对于一个无法做到这一点的人来说，他的心灵会成为自己最大的敌人。"

——《薄伽梵歌》(Bhagavad Gita)

* * * * * * * * * * * * * * *

笔记：

— 奖杯效应 —

第八章
证据引发的烦恼

我们终于进入奖杯房间,请明确一点,即你是否能察觉到那里的一切,意味着你是否能一次看个清楚。然而在这一过程中,如果你尽最大可能地沉浸到这一隐喻中,那么我保证尽管你身处当局,你也能很快有所体悟……

在引领数不清的客户体验这一过程之后,我能向你保证,所有人都说自己获得了相同的感受。然而,我需要对大家强调某些特殊的细节。当我们进入该过程的这一部分,描述杰森如何获得了同样的体验时,我会建议你观察自己的某些具体事例。我依然认为,如果你能设身处地地体验到它,那么会更加有效。

无论如何,你的奖杯几乎已经就位——那么,让我们看看它归属何处吧……

对于杰森而言,他刚刚步入自己的奖杯房间,此时他意识到自己在寻找一个奖杯柜子。"完全正确,"我向他保证——一个人在哪里放置一座奖杯呢?杰森意识到自己需要找到一个奖杯柜子,那么你认为杰森的心灵会如何做出反应,从而达到这一目标呢?没错,它满足了杰森的愿望——那么,没有时间可以浪费了,他发现自己不仅站在自己曾见过的最为壮观的奖杯柜子前,而且还确信自己的

— 证据引发的烦恼 —

奖杯应该放在这里……

因为你的心灵也会做出同样的决定（更不用说这是它的职责所在），所以我建议你现在注意，随着你的到来，你就像杰森一样，面前被放置了一个同样壮观的奖杯柜子。这不是普通的奖杯柜子，是提醒你要存放你的奖杯的奖杯柜子！

这很神奇，是吧？当然如此！毕竟，你的心灵曾完成过数不清的类似的小任务。因此，在心灵对你的事例评估分级后，它直接推开奖杯房间的门——手里拿着奖杯——完全明白将要去向何处。这次，你的心灵一如既往，这也是你现在站在自己应该所处的位置的原因。

然而，从这个角度说，心灵确实暂作停留，稍作休息——也在思索——因为我们将要发现某些东西……

同时，杰森站在那儿，就在自己的奖杯柜子前，准备将自己的奖杯放到里面去。现在，你应该想象自己站在同样的位置，同样准备接受我曾给他做出的建议，那就是：请打开奖杯柜子！

好，给你一个提示：当你想象自己接触到门把手的时候，请你特别注意自己看到的东西，然后回答我的问题：当你打开门的那一刻，你在柜子里看到了什么？实际上，你必须看到什么？

请花点时间，将自己见到的东西写在日志上……

如果你不太确定，请继续思考这个隐喻，并理解一点，即当你为了同样的目的（当然，就是将奖杯放到里面去），打开一个之前曾见过无数次的奖杯柜子时，你见到了之前一直质疑的东西。但如果你依然不太确定，让我们跟随杰森的脚步，一起看看他发现了什么……

— 奖杯效应 —

"毫无疑问，"当杰森打开门望向里面时，杰森非常肯定地说道，"我看到了奖杯。很多奖杯。"

没错！很多奖杯。你看，我们之前到过此处。但重要的是，你要亲自发现这一点——你看到了吗？你是否打开过自己的奖杯柜子呢？你是否发现确实有很多奖杯已经摆放在里面了呢？

在你完全发现你奖励给自己这座奖杯的前因后果后，你的心灵本能地引导着你走向这个奖杯柜子——不管你是怎么得到的奖杯，是因为受到欺骗或侮辱，抑或只是由于参加会议迟到而被老板训斥——你的心灵了解所有的一切。因此，无论你如何赢得了这座奖杯，你是否能看到房间中已经摆着其他的奖杯呢？之所以你能得到它们，是因为以前你曾有过类似的遭遇。

此时此刻，我问了杰森以上问题，他回答："当然可以！"——这让我想起，他曾因为前一天没有按时完成自己的财务报表而奖励给自己几座奖杯。实际上，他很快意识到，在过去几周中，仅仅因为拖延症，他就积攒下了整整一柜子的奖杯！！

意识到这一点后，杰森开始好运连连。他能清楚地发现，因为自己曾做的所有"错事"而给自己颁发过奖杯，而且所有奖杯都放在这个房间！他没有浪费时间，马上沉浸到这个隐喻之中，并发现自己站在奖杯房间的中心，看到四处都是奖杯和奖杯柜子。

然而，在讲述杰森的经历时，让我们转向你——因为你可能不像他一样，毫不费力地体验到这一切……

实际上，你已经完成了自己来到此处的任务——当你的心灵步入这个房间，它一定马上就会将你的奖杯放到里面去，你还等什么？哦，是的——我——因为我承认要延长这一系列事件，从而可以证

— 证据引发的烦恼 —

明一点，即只有注意到奖杯已经放在那里后，你才能进入自己的奖杯房间。

了解了这一点后，更为关键的是，你发现这不是自己首次进入该房间，或是第一次将奖杯放到这个柜子里……

同时，杰森已经做出了自己的结论，他依然继续思考，很快就承认只要稍微扫一眼，他就能说出自己赢得柜子中的每座奖杯的原因。虽然所有奖杯能证明自己不够优秀，但是他依然能继续毫不费力地跟着这一隐喻的脚步，对此充满热情，受到启发。

虽然杰森不能想象出前一天获得的所有奖杯，但是可以想起前几周赢得的大部分奖杯，甚至还能想起每次赢得奖杯时，自己体会到不够优秀的感觉。

然而，当意识到自己看到的一切曾影响了他的生活时，杰森不再像之前那样充满热情，而是变得沮丧……

"我真失败。"他叹着气说道，一切开始浮现出来。"迈克尔，"他恳求道，"你必须帮我克服这种拖延症。这么多奖杯！我觉得似乎无路可走了。请看看所有这些东西吧，它们都证明我不能掌控自己的生活！"

此时，杰森显然不再因为他能轻易地想象出一切而沾沾自喜了——显而易见，他痛苦又尴尬。因为将一个奖杯放到一个奖杯柜子中易如反掌，但开始这一简单的任务时，奖杯突然像滚雪球一样，越来越多。他眼前是这几个星期积攒下来的奖杯，它们证明了他不够优秀……

"难以置信，"他喃喃自语地说，"什么时候是个头儿啊？"

然而，就像杰森将要发现的那样，眼前完全没有尽头。因为所见到的东西只是冰山一角。

实际上，我们可以痛苦但清晰地看到，他的奖杯房间里面保存着另外几十个奖杯柜子。在这些柜子中放着更多证据，证明杰森不能完成的小事，如没有把握好商业机会，不愿意坚持到底（或是中途放弃），不能维系恋情（或是甚至害怕开始新恋情），还有像之前提及的那样更微小的细节，即经常不能按时赴约——还有数不清的其他事例！

"这真是让人太沮丧了，"他悔恨地说道，同时相应的烦恼也继续涌现出来……

当这种感觉越来越强烈时，我知道是时候"提出这个问题了"——"杰森，"我问道，"你的这个奖杯房间到底有多大呢？"

他回答说："迈克尔，它有一个体育馆那么大。而且，从我很小的时候，我就一直不停地往里面放奖杯……"

笔记：

— 奖杯效应 —

第九章
启　示

　　那么，你的情况又是什么样的呢？

　　你能想象出你的奖杯房间里的一切吗？你是否愿意承认，自己"从很小的时候开始，就一直往里面放奖杯"呢？

　　我讲述了有关杰森在其奖杯房间中发现的一切，不管它们只是成了你的消遣，抑或是真的让你"换位思考"了，以上问题的答案，你也许知道，也许不知道。

　　如果不能回答这些问题，也没有关系——因为你也可能猜到了，我将会陪你一起体验这个隐喻——一步一个脚印——因此，你可以像杰森一样，强烈而清晰地体验到这个过程。然而，在我们再次跟随他的脚步时，我建议你跟随自己的心灵，不要受到他房间中的具体事物或陈设的影响，而是要让杰森获得的体验影响你。

　　如果你愿意接受这些，那么你很快可以描绘出这样一个画面，你在自己的奖杯房间中，正盯着自己的奖杯。然而，你无法预测自己发现的奖杯数量，也不能预想到奖杯房间的大小，除非你完全沉浸到这一隐喻中去，并且自己对其展开想象。

　　例如，虽然杰森的房间为拖延症保存着几十个奖杯柜子，但是你也许甚至根本不存在拖延的问题。实际上，你可能发现自己一共也就有几个柜子——等待着被你发现……

至于你的奖杯房间能有多大,在我指导过的人中,有些人发现自己的房间像仓库或是"阁楼"那么大。有些客户则告诉我,他们的奖杯房间堪比博物馆、储藏室或走廊——但是,也有人则如此描述房间的尺寸,例如"20×40"那么大。

无论如何,重要的是你找到属于自己的真相——为了达到这一目标,我建议你在"房间出现时",再将其在头脑中描绘出来,而不是试图提前"想象"它的大小。

现在,我们唯一可以肯定的是你只是瞟了一眼**奖杯效应**。为什么呢?因为你不可能完全理解它,除非你在自己的奖杯房间中体验到发生的一切,除非我说明另外几点,揭示你与房间中事物的关系。

当然,你也许已经能从某种程度上描绘出你的房间了——然而即便你能做到这一点,我依然给出如下建议:随着我们继续我们的征途,你能接受未来所发现的东西,让自己为房间及里面的陈设描绘出更清晰的图像……

正如你将回想到的一样,在我们目睹这一过程如何影响了杰森之前,你会发现自己的奖杯柜子中有"许多奖杯",你还将要再往里放入一个奖杯。因此,请让你的自我沉浸到这个隐喻中,再次想象自己站在你的奖杯柜子前……

鉴于你的任务是决定把自己的奖杯放在柜子中的某处,你是否能发现,最好的方式就是"看清楚"已经摆放在那里的奖杯上的字呢?之后,一旦你确定自己手里的奖杯与哪些类别最接近,那么你就成功了!因此,请想象出自己正在读着奖杯上的字迹,让我们继续……

— 奖杯效应 —

当你开始描绘每座奖杯上"镌刻"着的字迹时——由此不仅想起每座奖杯的由来,而且也想起它们的级别——在阅读时,你必须想起什么来呢?为了弄清楚要把新奖杯放到哪里,当你端详每个已经放在里面的奖杯时,你应该被迫想起什么呢?

你说得没错,是**许多能证明你不够优秀的东西**!一柜子又一柜子的证据证明,你不仅是自己生存的威胁,而且显然这种情况已经持续了相当长的时间。一个又一个的奖杯代表着多年来发生的类似经历,就像今天刚刚发生的一样,历历在目。不论如何,它们全部都在这里了。

或者还有一种可能,那就是你赢得了如此多类似的奖杯,以至于你已经装满了不止一个柜子(就像杰森的房间,里面有好几个关于拖延症的柜子)。例如,如果你的事件与迟到有关,那么你这一生中迟到过多少次呢?如果你因为健忘而赢得了奖杯,那么你曾忘记过(或根本记不起来)多少事情呢?再或者,也许你没有坚持合理膳食,或是没有按照目标成功减重。无论怎样,在一生中,你由于同样的问题为自己赢得了多少奖杯呢?

另一方面,有可能是你因为不太经常发生的事情而奖励给自己这座奖杯,这意味着你可能站在整个奖杯房间中,面对着唯一一个此类型的柜子。然而,如果你知道自己是由于屡次发生的事情而赢得了这座奖杯,那么你就有机会用类似的奖杯填满一个又一个柜子了。

可是,不管你是否找到不止一个装着同样奖杯的柜子,而且你手里的奖杯正好可以归到此类中去,然而一旦你开始在这个房间中思索其他问题,那么就很可能发现许多其他奖杯。实际上,现在时

— 启 示 —

机成熟了，为了可以在头脑中看到房间中的一切，设想你自己从奖杯柜子前"退后"几步，而之前你曾一直注视着它……

与之相应，我建议你这么做——沉下心来，让自己回想一生中曾多少次——以及还有多少其他类型的事例——因为不够优秀而奖励给自己奖杯……

也许你从来都不太擅长处理感情和社交问题。你在拼写、运动方面怎么样呢？在讨论世界大事时，你能和别人一样侃侃而谈吗？你是否曾被抛弃过或羞辱过呢？你是否曾放弃过某些东西——或只是不敢去尝试——因为以上问题而奖励过自己一座奖杯呢？可能你存在着忧虑或某种其他问题——或是仅仅害怕自己要做的事。不管你遇到了哪种情况，你是否愿意看到这个房间里存放着很多奖杯呢？数量比你刚刚带进来的要多得多。

假设你发现了这一点——这将证实你手中的奖杯不是你由于不够优秀而奖励给你的唯一一个——那么你估计一下这里到底大约有多少个奖杯柜子呢？

不管你认为自己看到了多少个柜子，你是否至少开始"感受"到这个房间的大小了呢？或者，它在多大范围影响着你的心理呢？

既然你能估计它的大小，你是否也开始感受到痛苦了呢？毕竟，你只是来到这个房间，快速地放下奖杯，接下来你就在浏览着表明了"奖杯就是自己"的架子了，感觉自己是个不折不扣的失败者！你当然会感到痛苦，你了解这种痛苦，它让人心烦又困惑，一直"来来回回"——你永远也无法用语言描述出这种感觉……

坦白地讲，任何一个人如何才能避免这种感受呢？在这么多未经证实的证据面前，我们如何才能获得片刻的宁静呢？实际上，在

— 奖杯效应 —

思考几个房间中的奖杯后——然而却要在所有奖杯的阴影下做这件事——人们如何才能继续对自己的未来充满热情,如何才能获得某种成功,如何才能不再担心自己不够优秀,不能维持自己已经取得的成绩呢?通常情况下,"他们"不能做到这些,这是很多人随波逐流的主要原因。

了解以上内容后,我为你介绍一组生命中最隐晦、最烦人的矛盾对立。实际上,你走到哪里,你的奖杯房间就跟到哪里!

每当你将目光转向某些有价值的事情(树立一个目标)时,或是你获得了某种宝贵的东西(完成了一个目标),你就会情不自禁地感到某种程度的忧虑。自然而然,这种忧虑会激发出你自己不够优秀的担忧——将它(你)直接带到你的奖杯房间。当然,你就可以欣赏一个曾引发你的痛苦的展览。这就像你一个人游览"恐怖博物馆"一样。在那里,你不仅是馆长和售票员,而且还是你自己的优秀顾客!

简而言之,你需要明白:只要你思考一种有意义的行动,或是将要做出一个决定,那么你就不可避免地受到房间中所有奖杯的消极影响——只要你担心自己不够优秀,你的心灵就会把你送到那里——每次你要采取行动或面对重大抉择的时候,这都发生得极为自然。因此,你所有有意义的决策都是在奖杯的阴影下做出的!

换句话说,不论你将要拥有什么成就,你对自己不够优秀的忧虑会导致你质疑自己——此时,你就被潜意识地送入你的奖杯房间——在那里,你只能注意到所有能证明自己无能(证实了你的忧虑)的证据。在那里(虽然你能轻而易举地"被困住"几个小时),经过长达几秒的极度痛苦后,你被迫要面对整个房间的证据,证明你很有可能会失败——这促使你要么重新思考自己的出路，不要做出之前准备做的事，要么就是彻底放弃！

我的朋友，这就是**奖杯效应**最大的前提！

你明白了吗？这一切能让你受益吗？或者说以上内容更像是生活中的其他东西，跟你的期待不太相符？不够优秀……

如果你还没有完全理解，那么我认为也许是因为两个原因：第一，截至目前，你对**奖杯效应**有了这样的了解，即它让你关注你自己的失败（这自然会降低你的自信心和激情）。第二，我已经揭示了我们将如何改变这一切。我们会做到这一点。然而，在事情有好转之前，你应该有足够的心理准备，做好会变糟糕的打算，因为我们将要挖掘更深的层面，进入到这个动态过程中最为痛苦的方面，从而让你理解它对你的心理产生的强大作用。即便如此，我向你保证，在这个隐喻通道的终点，存在着希望——所以，请坚持住……

为了能够"挖掘得更深"，我让你再次关注你的奖杯房间，只是这次，你要尽可能地在你的日志上将其描述出来——设想出它的长度和宽度，甚至是里面的"光线"——或是任何其他你会注意到的东西。

一旦你记录下这些特征，我就会让你开始"广泛浏览"，寻找更占主导性的奖杯——例如你由于被羞辱、失业或是被爱人甩了等原因而赢得了奖杯。你曾被炒过鱿鱼，还是被裁员了？你是曾做过某些愚蠢的投资，还是被骗过呢？你的爱人是出过轨，还是因为爱上别人而离开了你呢？你是否患过重病？你看，人们极有可能在一生中遭遇这些事，它们通常都会被视作"惊天动地的大事"。因此，它们很容易让你赢得某些巨大的奖杯！这就是你为什么会轻而易举地回想起这些事的原因,只要你有类似的经历——几乎所有人都有过这样的体验……

　　幸运的是,这些事不会经常发生(至少对大多数人来说是这样)。然而,当它们发生的频率太高时,它们极有可能对一个人的心理产生致命的打击。为什么呢?因为我们不仅奖励给自己巨型奖杯,而且在回忆起这些经历时,我们通常由于相关的"次事件"(与某一事件相关或由其派生的事件)而赢得更多的奖杯,这通常发生在"大事件"发生后的几天或几周内。因此,每当想起"惊天动地的大事"时,我们很容易想起所有事情——通常,这些大事件以一种不可能不被注意的方式显现。

　　无论如何,感谢**奖杯效应**,每次我们再次拜访奖杯房间的时候,所有人都会想起这些"重要的经历"。例如,假设你想要早起去晨练,但却睡过头了。没错!你不仅错过了一次让你精力充沛的锻炼活动,而且还为自己既赢得了一个全新的奖杯,又得到了一张进入到奖杯房间的入场券,得以让你再次参观自己的大事件。或者,本来你想要节食,但却吃完了整整一夸脱(体积单位,接近1升)的冰激凌,结果会如何?你说对了——你会得到另一座新奖杯,还有一张进入奖杯房间的门票,赢得欣赏那些大事件的"返场演出"的机会。此外,由于杰森有不能按时完成财务报表的问题,他之后意识到,自己很多"惊天动地的大事"都获得了奖励,每一天都因为拖延症而赢得许多奖杯。

　　不管你是怎样得到进入奖杯房间的机会的,每次进到这个房间的时候,你都会想起这些巨大的奖杯。然而,许多人通常质疑,为什么我们似乎无法忘掉这些事情呢?

— 启　　示 —

善意的亲朋好友建议你："忘了它们吧。"但是，你做不到。我认为，之所以"你无法忘记它们"，是因为以下两个原因：

1) 实际上，你的心灵正在收集所有这些事例，供今后参考（为了帮你生存下去，我很快会对此做出更好的解释）；
2) 你如何才能做到呢？在你经常造访奖杯房间的情况下，你如何才能忘记任何一座奖杯呢？更不用说那些"巨型奖杯"了。

确实，遗忘的最好方式就是彻底走出你的奖杯房间，但是，除非你能克服担心自己不够优秀的忧虑，否则无法做到这一点。当然，你不太可能做到，除非你不是人类（你的确想起自己所扮演的"内心的"忧虑这一角色，难道不是吗?)，要么就是当这种忧虑出现时，你能选择不再奖励给自己一座奖杯——然而，这不是你愿意或能够做到的。

此外，对这个充满善意的建议而言，你能做的就是置之不理。因为你我都知道，你唯一能够遗忘的就是那个建议——而不是这些事件。多亏了奖杯效应，你不曾清空自己的奖杯房间，避免自己不再想起这些事情。至少目前还没有。

因此，你认为到底自己由于这一过程而承受了多少痛苦呢？你是否发现自己不断地想起，你不够优秀的担忧已经产生了负面影响？现在，你是否发现自己为何经常无法积极地把握住新机遇呢？为何有时你过得极为糟糕呢？有些时候，你甚至不想从床上爬起来？有时候你发现自己更愿意放弃，而不是坚持下来？最后，你是否能发

— 奖杯效应 —

现，**奖杯效应**用一屋子的证据削弱了你的激情，这些证据表明，你的激情只会给自己带来麻烦？如果是这样，以上这些会带给你什么样的感受呢？

假设你感觉不太糟糕，那么你应该明白，这些感受如何能迅速地像滚雪球一样越滚越大，变得更糟糕：那个"双头怪兽"在顺从和自我怀疑中降生，即便事情进展顺利时，它也会经常出现……

你完成了一个目标，或是成功地获得了某些东西，但是这还不够。似乎永远有"一个附加的字符"，一个星号，一个附加说明。你是否发现，几乎所有庆祝活动是如何被一种忧虑所破坏的？即总担心有些事不太对劲，或是有些事可能依然变得糟糕？你还害怕"另外一只鞋也会掉下来"，或者担心明天所有一切就会化为尘烟？

例如，你终于得到了那份新工作或是重要的升职，然而，经过多长时间，他们就发现你并不具备相应的才能，或者是他们所做的这个决定是错误的呢？

或者，当你最终鼓足勇气，向心仪的某人发出约会邀请并得到了同意，你会怎样呢？虽然你实现了自己的初衷，但你之后不得不证明自己值得获得他（她）的陪伴——鉴于你内心存在自己不够优秀的忧虑，所以这并不是无关紧要的事情。因此，你感觉不到有能力获得喜悦，反而感觉到焦虑，并退缩，希望一切能进展顺利。或者，你也许选择喝几杯鸡尾酒，来克服你的焦虑。无论如何，你坐在某个人的对面，却怀疑他是否认为你不够优秀，这会对你产生影响。

最后，请回想你每次兴奋地憧憬着能得到某种东西，但之后每当你需要"重新估计"自己能力的时候，却决定不再坚持下去。你

— 启　示 —

是否曾想过要开始一项事业或是延续一种激情——或者甚至可能已经做到了——但在之后面对一种担忧时，却不能坚持下来？你曾多少次"改变了主意"？

更为重要的是，当你面对此类事件时，每次你放弃一些事情，都一定会对你的心理"产生打击"。你看，从心灵的角度来说，你放弃的原因无关紧要——即便它给出这么做的完美借口——你还是放弃了。

无论怎样，"连锁反应"出现了——随着它的到来，那部由你的心灵创作的催人泪下的小说中增加了一页新证据，自你第一次"放弃"时，它就开始创作这部作品了——"你的生活故事"。

当然，如果你只是将潜意识中的"失败藏品"存放在架子上，那么它们对你不会产生任何严重的影响。然而，我们都知道，每次你都参考它，尤其是当你斟酌自己的选择时，或是思索接下来该怎么做的时候。

无论如何，你这一辈子都生活在连锁反应的阴影下，你可能已经从很多上文提到过的困境中挺过来了。

既然现在你已经了解了**奖杯效应**，你是否存在着这样的疑问，即自己很少像想象中的那么高兴？实际上，任何一个人在你的奖杯房间中逗留后，又如何能开心得起来呢？

但是，不管你有时感觉多糟糕，有时候你还是能感到幸福的。通常是当事情进展得非常顺利，或是你感觉自己运气不错的时候。虽然我们都认识这样的人，他们通常表现出一副不开心的样子（现在，你知道其中的缘由了），但是还有些人似乎大部分时间都能调节得很好，并且大部分时间都能很幸福，难道他们没有奖杯房间吗？

—— 奖杯效应 ——

错,大错特错。之所以我们中的某些人能比别人感受到更多的快乐,或是毫无理由地感到幸福,其中有个简单的原因——这也能解释为什么有些人能从容面对一切,而其他人则如坐针毡。换句话说,人类从创世之初就一直在寻找这个问题的答案。

你穿过走廊,就可以找到答案……

* * * * * * * * * * * * * * *

"幸福掌握在我们自己手中。"

——亚里士多德(Aristotle)

* * * * * * * * * * * * * * *

— 启 示 —

第十章
走廊的另一边

  那么，幸福的秘诀是什么？伴随着这种**奖杯效应**的影响，我们到底怎么做，才能真正感到幸福呢？

  在我回答这个问题之前，让我们回过头看看杰森。在像体育馆那么大的奖杯房间中沉思过一切后，他现在感觉相当沉重……

  他悲伤地说："迈克尔，怪不得我总是经常感觉生活要把我压垮了。请向我保证，我能够摆脱这种困境。"

  "你当然可以，"我向他保证，"因为你很快就会发现你的另一个奖杯房间了……"

  正如你所见，杰森既受过良好的教育，又在多个领域颇有建树——虽然他承认，自己因为刚刚发现的"耻辱"奖杯而感到挫败，但是他却因为支付了母亲的心脏手术费和两个兄弟的婚礼费用而高兴。此外，纽约大学的求学经历也是令他感到幸福的事情之一，除此之外，还有很多值得他真正开心的事。然而，虽然他可能有时盲目地怀疑这些成就，但是显然，这不在他的质疑之列。

  我想要帮他摆脱忧郁的心情，说道："杰森，既然我们已经在你的'耻辱'奖杯房间稍作停留了，那么你准备好将这些阴郁和沮丧抛之脑后了吗？"

— 奖杯效应 —

"求你了，"他恳切地说，"请跟我聊聊另一个奖杯房间吧！"

让杰森感到高兴的是，我已做好准备，为他提供更多的帮助——"穿过走廊"，他很快就能自己发现那个房间了。这也是你我将要做的事情，当你设想自己将"耻辱奖杯"放在正确的柜子中时，就开始行动。现在，我就鼓励你这么做，以免你情绪低落，不想去任何地方……

因此，我们出发吧——回到那扇斑驳的门前，沿着走廊寻找你的另外一个奖杯房间。我曾说过，只要你沿着走廊前进，就会找到它。实际上，你还记得窗帘后面的那个家伙吗？你的另一个奖杯房间就位于那面窗帘之后，这意味着我们将要再次遇到他。然而，这一次，我保证，我们能追赶上他……

然而，在我兑现这一承诺之前，请允许我跟你说完杰森的故事。在我们出发去寻找他的另外一个奖杯房间时，让我讲完跟他说过的话。"优秀"奖杯的房间……

没错，优秀奖杯的房间！不然，你认为自己会在哪里存放自己的"优秀"奖杯呢？

毕竟，难道你没做过"好事"吗？你身上没发生过好事吗？绝对有过！即便我们最深的忧虑是担心自己不够优秀，但是每个人都曾有过很多卓越成就。难道你不应该为自己取得的成就而获得肯定和赞扬吗？

当然应当如此！实际上，不久之后，你确实得回忆一种"卓越的成就"，因为我们将要碰到窗帘后的那个家伙了——因为如果你没有优秀奖杯，他不会让你进入到优秀奖杯的房间里去——这就是为什么上一次他不让我们进去的原因。

— 走廊的另一边 —

你看，你需要回忆起一段经历，才能获得进入"耻辱"奖杯房间的入场券，同样，为了能顺利通过"保安"（那个家伙），你得找到进入优秀奖杯房间的门票……

好了，你想起了什么？你是否曾取得过某种成就呢？你是否做过某件有价值的事情呢？或者一开始，你是否就需要我进一步解释赢得一座优秀奖杯的方法呢？

就像我跟杰森说的那样，你我想要赢得优秀奖杯，只需参考我们获得耻辱奖杯的方法。我们设立目标或有了期待，随着时光的流逝，我们要么就做些好事，要么好运就自然降临到我们身上——有时候，我们给自己颁发奖杯，有时我们不这么做。

就当我们穿过走廊时，那里有一个"分级系统"。因为你的心灵只会为它认为够资格的事件奖励优秀奖杯，因此，在优秀奖杯的房间，你不会看到任何"偶然"存入的奖杯。你也不可能看到你的心灵像分糖果一样颁发奖杯，因为评估走廊这一端的过程要比评估另外一端要严格得多。

此外，不仅进入房间的要求异常苛刻，而且当你"有幸"见过门前的守卫后，如果你没拿着某些有价值的东西出现在他面前，那么你非常清楚他会说些什么。当然，这不像你在走廊另一端保存的所有东西，所以不管你的"个人分级系统"可能会多么严苛，它总是能让你平安通过……

无论如何，我们将要看到杰森的分级系统是如何运作的，因为当我和他接近那个守卫着优秀奖杯房间的"家伙"时，我们停下来，回想起了几个"卓越的成就"。他不久前曾拯救了自己母亲的生命，为两个兄弟举办了无与伦比的婚礼，并曾以全班第三的成绩从纽约

— 奖杯效应 —

大学毕业！

即便如此，我让杰森更坦诚一点，说出上述事情发生时，他是如何将其分级的。关键是，我们决定，在这些事情发生时，不管他是否真的奖励给自己优秀奖杯——之后，我们都会尝试进入他的优秀奖杯房间。

你看，当我们最终反转**奖杯效应**时，重要的是要完全诚实地对待自己的个人分级系统——不仅对杰森如此，对你也同样如此，因为我们也要揭示你的真相了。

因此，当我们谨慎并诚实地衡量你的另一个房间的大小和里面存放的东西时，同样重要的是，我们需要为你的优秀奖杯房间绘制同样精确的场景。

有了这样的想法后，我提醒杰森，我们的目标是找到以前因为他做了某些"好事"而奖励给自己的一座奖杯，而不是现在得到的奖赏。

记住，这不是一个记忆仓库——而是奖杯房间。如果我们在寻找"幸福的记忆"，那么我们应该去另外一个房间（你会想起来，我们曾在第四章里经过了那个房间），你将生活中所有"愉快的东西"存放在那里。然而，这些东西被深深地掩埋在那个记忆仓库中，你只能在少有的时刻才回想起它们来——例如家庭团聚，或是婚礼，或是与老朋友追忆往事的时候。

无论如何，我们没有寻找"幸福的记忆"，而是在找证据，证明你足够优秀的证据，证明你值得尊敬的证据！

鉴于此，这正是我们将要寻找的东西，因为我们就要开始探索你的优秀奖杯房间了，进入这个房间的唯一方式就是找到一座优秀

— 走廊的另一边 —

奖杯。你已经明白，你的心灵每次都会奖励给你耻辱奖杯，这让你在耻辱奖杯房间中如坐针毡，痛苦不堪。现在，我们就来看看，你在自己的优秀奖杯房间感到幸福的时间有多长。

我要再次强调，我们的任务并非是从全新的角度重估一切，而只是确认在某件好事发生时，你如何将此事分级。换句话说，在那一刻，你是否奖励给自己一座奖杯，并将它保存在自己的优秀奖杯房间呢？重要的是，之所以我们在进入这个房间前对此做出评估，是由于以下两个原因：

1) 因此，我们就不会因为房间里面的东西分神或受到影响；
2) 确定一个你"值得获得奖赏"的事件，从而将奖杯出示给门卫，如此，他才会让我们进入到那个该死的房间里!!!

毕竟，上次我们手里没有那样一座奖杯，你也看到了他的反应！

从这个角度说，我多次强调，我们不是在寻找幸福的记忆。之后，我让杰森的思绪回到他母亲动手术的那天。虽然他肯定知道他那时正在做一件"好事"，但是在那一时刻，他是否真的为此充分肯定自己，并奖励给自己一座奖杯呢？换句话说——以我们一贯的隐喻性表达方式——他是否由于为母亲支付手术费而奖励给自己一座优秀奖杯呢？

"根本没有过，"他坦承道，"我能看到自己没这么做过。就像你说的那样——我知道这是件好事，但是我当然没有期待任何特别的奖赏。"

"杰森，"我说，"你的意思是，你为自己的母亲支付了手术费，

— 奖杯效应 —

但是却不值得得到任何的'特殊奖励'吗？"在另一个奖杯房间中，你往里面塞满了因为不能按时完成的财务报表而赢得的耻辱奖杯，但是拯救了母亲的生命确实值得为自己赢得一座优秀奖杯，难道你没有意识到这一点吗？

"你说得对，"杰森说，"我从来没有这么想过，但是你让我尽最大可能对你坦白——很显然，我能预想到，我们不会在我的优秀奖杯房间中见到这样一座奖杯……"

听起来耳熟吗？虽然你从未支付过亲人的手术费用，但是你能否想起这样的时刻呢？那时你确实做过某件洒脱的事情，但是却不认为它值得你奖励给自己一座奖杯。当然，这是一种比喻的说法，因为在阅读此书前，你完全没有理由奖励给自己任何奖杯。这也能解释为什么我让你跳出这个比喻，仔细思考下面这个问题的答案：你曾做过许多伟大的事，但是却没有因此奖励给自己奖杯，是不是这样呢？

如果答案是肯定的，那么也许你和杰森的想法类似。

"好吧，杰森，"我被迫问道，"怎么会这样呢？"

"她是我妈妈，我应当帮她治病，"他解释说，"而且，我有钱，所以这不存在任何问题。"

杰森很高尚、很无私吧？我跟你说过，杰森是个优秀的人。而且我想，你也跟杰森一样优秀。毕竟，我们学会了为人谦逊是至关重要的，还学会了我们不应该"自吹自擂"。

然而，就你的幸福感和成就感而言，如果你不能承认（并经常怀疑）自己取得的一切成就，那么值得质疑的是，你可能不会对自己感到特别满意。在这种情况下，你通常很可能根本不用担心自己

— 走廊的另一边 —

不够"谦逊"……

　　此外——关于"谦逊"这一点——我想说，我们任何一个人想要做到的就是做出贡献，并改变某些东西。你我就是"一件礼物"。但是，如果我们一直都轻视自己，那么我们不会有能力把"礼物"送给别人。此外，如果我们不能感到自己足够优秀，从而将自己的幸福礼物分享给他人，那么我们到底能给予别人什么呢？难道将我们的一无是处送给别人吗？还是将我们的挫折赠给他们？或者是跟他们分享我们闷闷不乐的情绪？哦，天哪！我到底做错了什么，才会得到那种礼物啊？

　　另一方面，没有人愿意收到一份缺乏真诚的礼物，也不愿意接受别人的自负作为"礼物"。但是，我想让你意识到，自己放弃优秀奖杯从未让你得到过什么好处，以后也不会让你受益！鉴于此，我建议你敞开胸怀，接受自己过去可以赢得奖杯的机会，它未来会让你不再那么苛刻地评价事情。

* * * * * * * * * * * * * * *

　　"为人谦逊并不是说你要漠视自己，而是说你要少找自己的麻烦。"

　　　　　　　　　　——肯·布兰查德（Ken Blanchard）

* * * * * * * * * * * * * * *

　　理解了杰森对于谦逊的看法后，我问了他关于两个兄弟婚礼的事……

　　"没有，"他跟我保证道，"没有奖杯。就像我刚才说的，我知道自己做了好事。整个晚上，大家纷纷来到我面前，感谢我让他们享受到一个美妙的夜晚。我认为没有必要大惊小怪。我跟你说过，我有钱，这从来不是问题。"

我依然要说，这非常高尚。请确定一点，我并不是在攻击高尚。我也不是要建议你放弃谦逊的品质，变得傲慢，也不是让你为了能沐浴在荣光下，而不再主动地默默付出。我也不是想要让你变得自负，或是目中无人。

实际上，我想让你发现自己超越自我的能力，因此你就要体验到你的自我完全具有一种力量，能体验到价值感，感受到幸福。所有这一切都是可能实现的，因为我们完全可以每天都认识到自己的伟大之处，但是却依然保持谦逊，充满感恩，并不断赠予别人。只是，大多数人都不相信我们有这个能力。很多人都不相信我们能获得这一能力——如同亨利·福特所说的那样："不管你认为自己行或不行，你都是正确的。"（Whether you think you can or think you can't, you're right.）

你看，我们的鱼缸中不仅装着自己最大的忧虑，即"担心自己不够优秀"，而且还存在着一个次要的忧虑，叫作"二选一"。正因为如此，人类通常相信，为了实现某一目标，我们必须要放弃另外一个才行——或是至少要做出某种牺牲，才值得获得另外一件东西。

令人伤心的是，这种想法深深地扎根在我们的文化中（社会规训），并且发挥了巨大的作用，让我们无法在生活中调动起自己的所有能力，还常常让我们感受不到自由和富足。这也是为什么我们通常感觉到，我们不可能在同一时刻既可以"自我安慰"，又能保持

— 走廊的另一边 —

谦逊。

　　这也是杰森不能奖励自己优秀奖杯的主要原因，即便他拯救了母亲的生命，又无私地帮助两个兄弟办了婚礼——这也解释了他接下来的反应，我最后问起他毕业的事……

　　"那么，杰森，"我继续说道，"跟我说说你获得学位的事吧。你是否曾经想过，我能从这么著名的一所大学毕业，我应该因此获得一座奖杯呢？"

　　他停顿片刻，思索了一下自己的反应。"实际上，"他答道，"我曾有过这样的想法！就在毕业那天，我能看到，我自己给自己颁发了一座奖杯！"

　　那么，我们继续。经过四年的努力学习，杰森最终为自己赢得了一座优秀奖杯——它不仅在当时意义重大，而且现在还会让我们通过那个门卫，进入优秀奖杯房间，从而进一步浏览"其他的收藏品"。

　　然而首先，我还需要了解一点……"杰森，"我问道，"你由于从纽约大学顺利毕业而获得奖杯，请问你给它评几分？"

　　"3分，"他很快回答说，"我给了自己3分。"

　　"是因为你以班级第三名的成绩毕业吗？"我猜测道。

　　"也许是吧，"他回答说，"你看，虽然我当时很开心（看得出来他稍微有点得意），但是如果我想要成为第一名，我必须得非常努力。因此，在这一点上，我就无计可施了。"

　　"当然，"我赞同道，"如果一个人'无计可施'的时候，他会怎么做呢？当人们相信了自己不够优秀，从而无法完成他们的既定目标的时候，他们会怎么办呢？让我们继续追问，你是怎么做

——奖杯效应——

的呢？"

"哦，天哪！"杰森恍然大悟，"我就是那么做的。我给了自己一座耻辱奖杯！而且因为我曾渴望以班级第一名的成绩毕业，所以我发现，每当我的分数无法达到自己预期的时候，我就会给自己颁发一座耻辱奖杯……"

是的，确实如此——杰森曾由于能力不足而奖励给自己耻辱奖杯。纽约大学四年的学习生活仅仅为他赢得了一座优秀奖杯（只是3分），但在同一时期，他却设法积攒了数目庞大的耻辱奖杯。

因此，就在杰森获得了这所重点大学的毕业证那天——这一天应该充满欢乐与喜庆的气氛——他最棒的感受只是"略微"得意而已。

那么杰森是如何为由于能力不足而赢得的奖杯进行评分的呢？

"10分，"他坦诚道，"毫无疑问，全部都是10分。"

因此，这就是问题所在。就算你没有过同样的经历，即由于不能以班级第一的成绩毕业而奖励给自己一座耻辱奖杯，那么你是否能回忆起某些类似的情境呢？其中，虽然你完成了一个相当重要的目标，但是你在某些方面无能为力。也许你赢得了第一名，或是成绩几乎比所有人都要优秀，但是你依然感觉自己可以做得更好？虽然你因为自己取得的某种成就真的奖励给自己一座优秀奖杯，但是你还因为自己有很大的提升空间而给了自己一座耻辱奖杯——或是因为接下来遭遇的一系列失败而为自己赢得了几座耻辱奖杯？

现在，你能发现我们多么没有必要一定要准备去赢了吧？你是否发现，当你穿过这个走廊的时候，**奖杯效应**依然在影响着你？我

— 走廊的另一边 —

依然向你保证，我们会将所有的消极因素反转过来——这正是当我们迈进优秀奖杯房间的那一刻，我们着手进行的任务。然而，首先请允许我来揭示杰森的发现，他终于进入了自己的这个房间……

如你所想，当杰森发现他的优秀奖杯附带着许多耻辱奖杯的时候，他一点也不意外。然而，我安慰他说，一旦我们开始探索他的优秀奖杯房间，他很有可能会感觉好受些。此刻需要解释的是，我们很快就会赞扬他所获得的其他"伟大成就"，我们向看门的那个家伙（根据我的回忆，他看到这个标记为"3分"的奖杯时，露出了不屑的神情）炫耀了他的毕业奖杯，并将其扔向门口。

带着这座奖杯，杰森意外地发现，并很快脱口而出——里面一片漆黑。

"好。"我开口说道，接着给出了以下建议："请开灯。"

"这里没有电灯开关，"他回答道，"只有这个肮脏的电灯泡，悬挂在从天花板上垂下来的绳子上。"——用比喻的话说，杰森再次很快想象出这一场景，同样迅速地扯了一下小链子，"打开"了电灯……

之后——虽然他无法意识到——杰森不仅让我们免于在黑暗中跌跌撞撞，而且还揭示了**奖杯效应**的第二个观点。这个观点与第一个（你回想一下，它主张，你用一生的时间填满了自己的耻辱奖杯房间，证明自己不够优秀。你的所有决定都是在这些证据的阴影下做出的）同样重要——但它却引发了相当多的观点，这确实令人苦恼。就在我们了解到杰森的发现的那一刻，你很快就会看到。

"那么，杰森，"我站在这个灯光阴暗的房间中，询问道，"你看到了什么？"

— 奖杯效应 —

"嗯,"他回答道,"没发现什么。你确定我们不是走错了,到了一个储物间吗?"

"为什么这么说呢?"我问道,"你看到笤帚了吗?"

"没有。但是我也没看到多少奖杯——这一定不是一间体育馆。"

"嗯——"我陷入了思考中——因为虽然他刚刚开始理解自己的"所见",但是我能了解,杰森并没有因为自己优秀奖杯房间的大小或陈设而异常兴奋。

"它没有走廊那头的大礼堂那么宽敞,是吧?"我开玩笑地说道。之前我曾让他相信,他完全不需要感到郁闷,因为我们所有人天生就具有这样一种能力,可以按照自己的意志扩充优秀奖杯房间。我特别想了解他可能会看到的优秀奖杯,因为它会告诉我们很多东西……

"杰森,"我继续说道,语气中带着我所能唤起的所有共鸣,"既然我们都知道你不愿意承认自己救了母亲的生命,那么我希望,你也不要期待在这里找到什么奖杯,来奖励自己洗了车或是按时支付了自己的账单。但是,你完全有可能因为做过其他事情,而奖励给自己优秀奖杯——在这种情况下,我要你'四处看看',然后告诉我你是否发现什么了……"

然而,杰森没有详细说明自己看到的或是没看到的东西,他突然一时语塞——这种状态持续了好一会儿——直到最后打破了沉默,说出了一个真谛:他看到了光——它并不是来自于挂在天花板上的灯泡。实际上,他如此感动,以至于他几乎不能克制自己——虽然一开始他激动得无法开口。

即便如此,显然杰森发生了"改变"。他终于发现自己同时体验到了毁灭和壮观！那一刻，他既感到悲伤，又觉得充满了力量。最为重要的是，他特别愉悦。

杰森意识到，他的愉悦来自于能够理解一点，即他从未如此审视过自己的经历。在耻辱奖杯房间中，他的心情极为低落。但是在优秀奖杯房间中，由于缺少优秀奖杯，他的感觉更糟糕。实际上，杰森已经意识到，之所以优秀奖杯房间没有预期的那样大，里面的奖杯没有那么多，只有一个原因，他无法否定的一个原因……

在那一刻，杰森知道这永远取决于他自己。他能发现，正是他自己没有奖励给自己优秀奖杯，并因此总是满足于"略微得意"，而不是感到开心快意。

他选择了谦逊，而不是激情——他只是将其视作虚假的谦虚——它来自他的自我，而不是来自他的灵魂。此外，他刚刚发现的东西令人痛苦但却清晰地表明，"他那空荡荡的奖杯房间"只是反映了他心灵的某些感受，他心灵中的空虚……

然而，在意识到这一点后，杰森马上振作了起来，因为他感到自己已经拥有了反转一切的能力！！那是因为以前是他选择不奖励给自己优秀奖杯，从这一刻起，只有他自己才能做到那一点——因此，他能够选择要开心起来！！！

杰森偶然发现了**奖杯效应**的第二个观点——在社交中，我们通常习惯于保持谦逊和含蓄，因为我们的成就控制并阻碍着自己的能力，让我们无法因为成功而体验到应有的快乐。

实际上，杰森意识到，是他，而且只有他自己一直按住"静音键"。也是他自己决定，为人低调才是一个人应有的生活方式，这种生活方式才具有责任感，才能满足人们的期许。

— 奖杯效应 —

至少以前是这样……

* * * * * * * * * * * * * * * *

"你的低调作风不会给这个世界带来任何好处。畏畏缩缩不会产生任何启示,因此你身边的人不会感觉到丝毫不安全……我们都应该像孩子们一样,闪亮地生活。"
　　——玛丽安妮·威廉森(Marianne Williamson)

* * * * * * * * * * * * * * * *

— 走廊的另一边 —

笔记：

— 奖杯效应 —

第十一章
马上去见巫师

　　在你意料之中，在获得了这一启示之后，杰森再次"好运连连"。然而，如果你没有按此节奏理解自己的问题，或是你还没有体验到类似的突破，那么我建议你全身心投入进来，直到你完全理解，不再心甘情愿地满足于"稍微得意"。为了达到这一目标，我建议你不仅要接受杰森在他的优秀奖杯房间中分享的东西，而且还要让它对你有所启发。

　　另一方面，鉴于你目前对心灵的了解，你能否发现它将如何轻而易举地击碎杰森的观察和体验呢？察觉到这一点后——而且考虑到显然你已经读了这么多页——我建议你不要屈服于任何想要放下此书的冲动。毕竟，站在你的心灵的角度，到目前为止，它会将你学到的所有东西当作是对生存的威胁。

　　你看，心灵非常满意"二选其一"的观念，而且它能够随心所欲地阻止你往自己的优秀奖杯房间里添砖加瓦。因此，你的心灵会阻止任何想要改变"现状"的尝试，并有可能将赢得任何一座优秀奖杯与"自我"膨胀感等同起来——我确定你能理解它的想法。在这场博弈中，难道你不担心自己的对手变得更强大吗？

— 马上去见巫师 —

* * * * * * * * * * * * * * * *

辅导：如果你真的想要寻求突破，并想要在这一过程中尽可能多地获益，那么从现在起，你的意志要足够坚定。因为心灵不仅是个强大的对手，而且它还非常狡猾……

* * * * * * * * * * * * * * * *

实际上，我只能保证，你的心灵会促使你抵触这一过程，认为这只是胡言乱语，只不过是"大众心理学"。或者，它还可能"诱使"你相信，你完全能够奖励给自己优秀奖杯，或是让你能在优秀奖杯房间流连一段时间。而且，我向你保证，它会竭尽全力说服你，让你放弃记录或者完成这一练习过程。此外，虽然你的心灵显然是所有这一切困惑的源泉，但是它会让你相信，这些想法来源于你自己，你只不过是想要"活得现实"一些罢了。

鉴于你依然跟随着我的脚步，那个具有意志的"你"（自我）也坚持着，没有放弃。为什么呢？我认为这是由于该隐喻的某些方面"拨动了你的心弦"。它打动了你。

在这一过程中，某些东西与你的某一部分进行了对话，它因此以某种方式了解了整个过程。你的那一部分总是感觉你好像在压制着心灵深处某些伟大的事物，并质疑自己如何以及何时才会最终获得自由。

"你的那一部分"最终能停止质疑，因为现在你就有机会了解并接受你心灵的伟大事物——因为接下来，为了释放你真实的自我，我们即将进入你的优秀奖杯房间。这意味着我们花了十章的篇幅讨论完忧虑和生存之后，要开始思考一些能让自己更强大的东西

— 奖杯效应 —

了……

　　带着这种想法，请你回想一下自己的生活，回忆起一段极具正能量的体验，你确定这段经历能让你为自己颁发一座优秀奖杯。此外，我们的目标是要找到这样一个事例，即在它发生的那一刻，你认为自己值得赢得一座奖杯（接着再次评估或升级任何"幸福的记忆"）。因此，请你在追忆过往时，将以上内容牢记心中，接着在你的日志中记录下这个特殊的时刻……

　　你是否找到了这样一件事呢？如果找到了，那么你是怎么将其评级的？如你所知，杰森认为他从纽约大学毕业这件事仅值"3分"，但是，它依然为杰森赢得了进入优秀奖杯房间的入场券。鉴于此，我建议你不要过于担心分级的结果，因为反正用不了多久，我们将会对你的评价标准进行"微调"。更为重要的是，你已经想起一件过去亲身经历过的好事，现在你想象自己手中拿着相应的奖杯。

　　同样重要的是，你此时有多个理由这么做，其中，一旦你体验到最为关键的原因，那么你的能力会因此而改变。然而，我们首先要为进入奖杯房间做好准备，因此这一转变才能实现……

　　那么就不要再犹豫了，请"高举你的奖杯"，想象自己走向了隔开你和这个房间的那层窗帘——

　　"停！谁在那儿？"守门的那个家伙喊道，"是谁来拜访伟大又万能的'奖杯房间巫师'来了？"

　　"奖杯房间巫师"？你在开玩笑吧！你还真不谦虚！虽然他唯一的职责似乎是确认你在进入自己的奖杯房间前已经获得了一座奖杯，

— 马上去见巫师 —

但是他表现出自己好像是这个地方的主人一样！当然，每当你出现在这里时，这个小守卫显然都会做出这样的反应，就好像你已经唤醒了一个怪兽一般……

实际上，在接下来的几章中，你不仅会发现自己的门卫是如何变成怪兽的，还会看到你扮演了一个"弗兰肯斯坦博士"（在英国作家玛丽·雪莱创作的科幻小说《弗兰肯斯坦》中，主人公弗兰肯斯坦博士是个疯狂的科学家，曾用基因合成技术制造出一个怪物一样的人）似的角色。但如今，优秀奖杯房间有待你去探索，所以就和气地向这位优秀的"巫师"炫耀一下你的奖杯，然后跟我来……

随着我们步步深入，请记住我的建议：让杰森的经历启发着自己，但不要过于受其影响。换句话说，进入房间时，请敞开你的胸怀。因为我们都明白，在门的另一端，等待你的是一个体育馆，而不是一个储藏室（虽然这极为不可能），但是注意，请尽可能准确地谨慎评价房间的大小和里面的东西。

你看，不管你认为这个房间有多大或多小——也不管你能看见或漠视多少座优秀奖杯——你即将发现的只不过是自己过去经历的表征，而不是你的未来。

因此，牢记这一切，请让我为你开门……

好了，你"看见"了什么？我们是否应该找个电灯的开关呢？还是电灯已经打开了？无论如何，我建议你不要试图马上确定这个房间的大小，而是先"四处看看"，同时尽力回忆并确定一些特别的大奖杯（那些"意义重大"的），因为那些奖杯可能会对你的领悟有进一步的启发……

因此，请让自己进入一种有意识的沉思状态中（或是任何能让你想起自己某些珍贵的记忆的状态）。想象以前你感到真正幸福或任何能让你奖励给自己一座优秀奖杯的时候，接着想象自己能在这个房间中看到这座奖杯。记住，我们来这里不是为了提升任何记忆的幸福指数，而是为了寻找一些有价值的过往体验，你能体验到它们发生的重大意义。这些事件能够证明你足够优秀。

对，那就是入场券！能够证明你足够优秀的证据！你回想起一些具体情景，确定你在某些人眼中是足够优秀的，他们的看法对你来说意义重大，例如你的父亲，或是母亲，或是老师，或是老板。鉴于此，你是否发现这个房间中的奖杯了呢？你曾为了向这些人证明自己的价值而赢得了奖杯。如果是这样，请将细节记录在你的日志中……

不管你是否已经找到了向这些"重要人物"证明自己足够优秀的奖杯，你是否愿意承认，当你给自己颁发耻辱奖杯的时候，这也是一个主要的顾虑呢？你是否发现，实际上，因为感到自己在这些人眼中不够优秀，而你又不想令他们失望，所以你一直在为自己赢得耻辱奖杯呢？

如果是这样，在过去的岁月中，由于你曾让这些重要的人失望过，你又给自己赢得了多少座耻辱奖杯呢？你是否考虑过父母（或是其他你在意的人）是否认为你足够优秀呢？你是否曾因为没有达到兄弟姐妹的期许而赢得了耻辱奖杯呢？你是否曾感觉让自己失望过？

当然，你可能没有过这样的经历。然而，如果有过类似情况，请坦然接受它——因为在任何一个奖杯房间中，这个失望的主题通常对你衡量相关事件发挥着重要的影响。当然，这是因为连锁反

— 马上去见巫师 —

应……

另一方面,你在自己的优秀奖杯房间中见到了多少奖杯呢?在这些情况下,你确实让这些重要的人开心或骄傲过。由于自己出色的表现或是感到自己似乎满足了他们的期望,你被他们肯定过多少次呢?坦白些,然后将这些事情记在你的日志中。

最后,在这个房间中,你还看到过多少优秀奖杯呢?

当你超出别人的期许时,会发生什么事呢?你是否曾第一个完成任务,或是有过极其卓越的表现呢?当你顺利战胜一个挑战或是获得了同伴的赞赏,又会发生什么事呢?

你觉得做点有意思的事情放松一下怎么样?给自己一个梦想假期或是其他类型的探险如何?这些听起来都不错,仅仅因为你足够聪明,能拥有这些机会,因此你可以为自己赢得一座奖杯。或者跟爱人温存一下?在这些情况下,你完全释放了自我,或是感受到他人的爱。在这些时刻,你感受到激情,并觉得自己活力十足。当然,每当这些时刻,至少你值得赢得几个奖杯……是吧?没有吗?

请牢记规则。因为不管你想起多少如此"美妙"的回忆,你都不能忘记我们是在寻找奖杯,而不是记忆碎片。为什么?因为我们的目的是要确定你曾进到过这个房间多少次,往里存放优秀奖杯。你曾多少次让自己有机会在这个房间中享受美妙时光呢?在这里,你曾多少次不仅增加了自己的藏品,而且还"细细品味"那些能证明你卓越成就的证据呢?

你曾多少次被迫反思自己只是凭运气,或是感叹能有幸拥有自己的生活?在这里,你曾多少次感到能力十足,并充满喜悦?

如果你跟大多数人一样(并愿意承认这一点),那么你可能发现

— 奖杯效应 —

了以上事情不太经常发生。我们都认识一些人，他们经常捧着优秀奖杯出现。有些人显然在优秀奖杯房间中度过的时光更多，这使得他们更经常地感受到无拘无束，而不是小心谨慎。有些人的生活通常看起来轻松有趣，他们坦率又自由地与人分享自己的财富和爱心——而后，这会形成一个积极的连锁反应，为他们赢得更多进入优秀奖杯房间的入场券……

快速问答：当你意识到自己在耻辱奖杯房间中度过的时光消磨了你的激情时，如果你在优秀奖杯房间中待的时间更长些，那么事情会怎么发展呢？

A）它会让你沉浸在所有优秀奖杯带来的快乐之中。

B）它将会带给你启示，让你感到有价值，有能力，开心及幸福。

C）以上选项都对——那么，为什么不经常来这里坐坐呢？

不幸的是，虽然 C 选项可能是正确答案，但是很多人意识到，他们的优秀奖杯房间看起来跟杰森的房间很像。这意味着，一方面，很多人在过去的几个月甚至几年中拜访这个房间的次数寥寥可数，还意味着这些人在此房间中"身心放松"的时间总和用一只手都能数得过来。

现在，即便如此，那些缺少优秀奖杯收藏的人还会做好事吗？他们当然会。那些不曾经常为自己颁发优秀奖杯的人还会继续过着积极的生活吗？毫无疑问。那些很少在优秀奖杯房间流连的人还能到达自己事业的顶峰吗？他们能否在工作上有出色的表现呢？能否

— 马上去见巫师 —

因为自己的成就而受到肯定和赞扬呢？或是能有很好的夫妻生活吗？绝对可以有。

但是，这些人是否会经常从自己的所作所为中获得尽可能多的享受呢？他们是否会一成不变地认为生活是幸福的，并与他人分享自己的福祉呢？他们是否争取要赢得意志和生存二者拉锯战中的胜利呢？他们是否通常会坦然接受挫折，或是拥有幸福及成就感呢？

不会。根本不会。

鉴于此，如果你已经明白自己如何陷入连锁反应之中，并开始怀疑自己就是一个"这样的人"——那么我建议你承认这一点吧。因为不管这有多么"烦人"，真相最终会让你摆脱所有枷锁！

自由自在，随心所欲地生活，而不是仅仅为了生存。

实际上，我建议你"坦诚一切"，并接受目前你从**奖杯效应**中学到的所有东西——愿意继续照这样去做。因为只有"坦诚事实"，才有能力完全自主地调整你的心理状态。

因此，我鼓励你尽可能真诚地评价自己优秀奖杯房间中的东西——因为除非你能面对自己的敌人，否则你没有能力战胜它……

* * * * * * * * * * * * * * *

"想要成长，你必须要乐于让自己的现在和未来与过去彻底决裂。你的过去并非自己的命运。"

——阿兰·科恩（Alan Cohen）

* * * * * * * * * * * * * * *

第十二章
一场全新的比赛

那么,你的决定是什么?你是否能理解自己在优秀奖杯房间获得的发现?你是否能想起这些"了不起的事情"——它们是否能让你发现其他的优秀奖杯呢?

在你回答之前,你可能想知道,在杰森由于从纽约大学顺利毕业而奖励给自己一座优秀奖杯之后——在仔细审视了自己一生中那些有意义的回忆之后——他最终放弃寻找自己的"储物间",宣布它不再存在。因此,在做过以上所有努力后,他最终只有"1分"。

是的,只有1分。那么,计分结果如下:耻辱奖杯房间:5000多分,而优秀奖杯房间:1分。当然,在现实中,杰森不可能数得清自己的耻辱奖杯,因此5000多分只是一个大概的估计——但是你能做出比较。优秀奖杯房间从未有过这样的规模。杰森也没有这样的机会。

那么,你的最终评分是多少呢?

坦白地讲,很多参与过这一过程的人确实在自己的优秀奖杯房间中发现了不止一个奖杯,但是很少能达到十几个或二十几个——更为常见的是,优秀奖杯往往寥寥可数(显然,只是几件"了不起的大事")。实际上,确实有不少人连一个奖杯都找不到。在这种情况下，如果你无法找到更多奖杯，那么你也不是孤身一人。

因此，大多数参与者都承认，他们的优秀奖杯房间确实要比耻辱奖杯房间小得多。实际上，我听说过，有些人的优秀奖杯房间就跟储物柜、办公室或是食品储藏室一样大——其中有很多人的房间中就放着一个奖杯盒子。

另一方面，还有客户告诉我说，他们的优秀奖杯房间里面放着几十个优秀奖杯。鉴于此，如果你也找到了同样数目的奖杯，那么在我们最终要增加优秀奖杯藏品数量的时候，你就在这一游戏中处于优势地位了——我们很快就会做这件事了。

无论如何，重要的是，你要"该出手时就出手"，那么，请开始吧……

在很多情况下，一个人的耻辱奖杯房间很可能让他的优秀奖杯房间相形见绌——因此，如果你也处于这种情形中，千万不要灰心。记住，就像杰森发现的那样，察觉到就是力量！因为一旦你明白你基于自己编造的评价标准往两个房间中存放奖杯时，你就会夺回控制权。

然而，在达到这一目的前，关键是你要亲自发现这一点。此外，重要的是，你"坚持自己的想法"，特别是要毫不犹豫地读完这一章，因为即将揭示的东西会轻易地促使你的心灵采取逃避的行动。所以，请不要让自己屈服于任何东西，它可能会在你耳边呢喃。

你面对着这样一个问题：为什么有些人的优秀奖杯房间比别人的更大或更小些呢？为什么有人奖励给自己的奖杯比别人更多或更少些呢？这是什么原因造成的？

这都是因为人们的评分系统——以及那个门卫……

— 奖杯效应 —

就你的评分系统而言，如果你想要进入自己的优秀奖杯房间，这是一件简单的事，还是一件困难的事情呢？你是否发现自己每天都进来好几次呢？还是每个小时进来好几次？或者，像许多人一样，根本不太经常光顾这里？是否每当你帮助了别人或是让某人微笑，或者只是在毕业或意识到其他重要的成就等极少的情况下，你才会进入这个房间呢？

如果你属于后一种情况，那么让我们来探讨一下其中的原因吧！

首先，你认为自己的评分系统从何而来？你认为那是与生俱来的吗？你是否记得是父母教会你如何评价奖杯的呢？你是否是从幼儿园里学会了评价奖杯呢？

不管它源于何处，你认为是谁创造了它？谁来决定你是否因为曾搀扶着老奶奶过马路而赢得奖杯？或是那些奥运冠军是否实至名归呢？你认为是谁决定了某个事件应该得到3分或10分？

迄今为止，我确定你已经意识到，以上问题的答案很简单，就是"你自己"。然而，实际上这更像是一个团队合作的结果，这个团队的成员是你和那个门卫。可是，由于你自己训练了这个家伙（我会简要地解释一下这一点），而且你也要对他所说所做的一切负责任，因此如果你想要把所有过错都推到他身上，那么你就相当愚蠢了。因此，即便他是藏在幕后的控制者，并要对你所有潜意识中的考量负责任，但是其实是你自己——并且一直就是你自己——掌控着所有的一切。

因此，是你发明了评分标准，并因此奖励给自己优秀奖杯房间中的所有奖杯。当然，这意味着也是你建立了标准，也因此不愿意颁发给自己奖杯。即便如此，还有一个事实就是，在你阅读此书以前，你从未察觉到这一点——因此请不要因为自己没有察觉到某些东西而给自己颁发耻辱奖杯。然而，现在你肯定知道了——从这一刻起，新的比赛就开始了。

当然，与其他新比赛一样，关键是你要建立"比赛规则"——这也就是我们为什么要仔细阅读一下"规则"的原因，它决定着整个过程，你要使用这个手册颁发奖杯，并对其进行评分。虽然是你自己写了这本册子，但是你却从来不知道它的存在。就在门卫（你从未察觉到他的存在）接管你的两个奖杯房间的那一天，你亲手将这本手册交给了他——你也从未察觉过奖杯房间的存在！

问题来了，这会让你产生下面的疑问，即你还没有察觉到什么东西呢？

然而，我们可以先把这个问题放一放，因为鉴于你现在已经了解了一些内容，你已经能够改变一切了！实际上，既然你已经知晓了生存、连锁反应、两个奖杯房间和**奖杯效应**，我们马上就要将所有的线索拼在一起。此刻，你就能够赋予自己足够的能力，来全面掌控一切——包括那个门卫！毕竟，你一直就是他的老板，只是你以前不知道而已。但是，既然你已经知道了，那么你终于能够让门卫为你效劳，而不是成为你的绊脚石了……

说起这个门卫——也意识到他监管着两个奖杯房间——你觉得他为什么只守卫着优秀奖杯房间呢？你是否注意到，你随时都可以毫不费力地将耻辱奖杯放到相应的房间中去——但是，每当你出现在优秀奖杯房间的门前，他为什么却阻拦着你呢？

你会想起，当我开始引领你体验这一过程的时候，你从这个房

— 奖杯效应 —

间借了一座奖杯，才能进入到优秀奖杯房间，而不是使用了新的奖杯。因此，你没有机会亲身体验到自己首次出现在这扇门前时那个小门卫的所作所为，他决定了你的事情是值得获得一座优秀奖杯，还是仅仅是段美好的回忆。之后——更为频繁的是——他把你送到走廊的某处，将这份美好的回忆储存在相应的地方。换句话说，之所以他在那里，并不仅仅是因为要确保将没有奖杯的人阻拦在优秀奖杯的门外，而且实际上，他还负责决定你的事件是否值得赢得一座优秀奖杯。怪不得他看起来就像是这里的主人一样呢！

无论如何，你认为他是怎么知道如何评价你的事件，知道那个事件值得或是不值得赢得奖杯呢？说起优秀奖杯房间，他的评价原则取决于你自己！记住，你编写了那本规则手册。你设定了标准。而且虽然你可能是下意识做了这些，但是你依然是罪魁祸首。你"学会"了有关幸福的知识。你的文化和你周边的环境教会你如何才能幸福，什么时候才能幸福。

因此，心灵如何颁发优秀奖杯并不是完全受到生存的驱动（因为生存总是处于消极的那一方），而是受到你自己的信仰和个人意愿的影响——你的决定最终控制着它。此外，如你所知，你在哪里做出最重要的决定呢？没错，在耻辱奖杯房间里！

你看，很久以前，你决定了能讨你欢喜的东西——而且，为了回应这一系列的潜意识决定，你为自己设立了标准，来衡量快乐或喜悦。这意味着，它永远与这些事先建立的规则结盟，你用这些规则来决定某件事是否"值得被收藏到自己神圣的奖杯房间中"。

奖杯效应的第三个观点由此被揭开了，即优秀奖杯极其特

— 一场全新的比赛 —

殊——而且还极其稀少。那么，你为什么还要建立起这样苛刻的入场标准，或是要雇一个门卫呢？

假设你的优秀奖杯房间中没有收藏太多的奖杯，那么你是否愿意承认，这是因为没有将赢得优秀奖杯视作理所当然的事情呢？因为你可能秉承一种"文化观念"，即只有在某种活动或追求的尾声，人们才会获得幸福，是这样吗？

毕竟，如果让我们最愉悦的情感唾手可得，那么在某种程度上，它难道不就会显得没有那么珍贵或神圣吗？

我再次表明，这种思维源于一种"文化观念"，它认为幸福和成功是目标（必须要实现它们），而不是精神状态（能够根据自己的意愿表达出来）。即便是美国《独立宣言》也说过，其公民被赋予了"追求"幸福的权利。请注意，它没有宣称"仅仅因为我们表达自己的幸福"，我们就可以有幸福的权利。因此，即便幸福是我们的权利，你我也必须要去追求它——这意味着幸福必须要到其他地方去寻找，而不是存在于此时此刻。

当你思索这一观念的时候，你是否能注意到，该信念主张生活中最令人愉悦的体验是神圣而匮乏的，正是这种信念（也因此成了一种期待）让幸福成为遥不可及的东西？如果是的话，那么有个问题值得深思：我们之所以无法取得更多的优秀奖杯，是否是因为我们无法意识到更多最美好的体验呢？或者也有这样的可能：之所以我们无法享受更多最美好的体验，是因为我们无法获得更多的优秀奖杯？

你是否也愿意看到，如果幸福是某种必须获得的东西，那么它就一定是异常特殊的？毕竟，谁会愿意追求某种稀松平常的东西，

— 奖杯效应 —

或是愿意努力获取某些唾手可得的东西呢？

让我们继续思考，你是否愿意承认自己将激情看得更特殊呢——因此将其视作某种不愿意经常体验到的东西。毕竟，如果你能经常地拥有激情，难道这会削弱激情的重要意义吗？难道会易于"冲淡你的体验"，并使其变得平庸吗？而且，如我们所指，激情只不过是普通事物罢了，是吗？

鉴于所有这一切，你是否开始理解自己拒绝奖励给自己优秀奖杯的原因了呢？此外，如你之前承认的那样，由于你不愿显示出自负或是不够谦逊的样子，那么你的门卫不会像颁发奖励一样给你优秀奖杯，对此你还有什么可以抱怨的吗？

当然没有。优秀奖杯可不是普通的东西！

因此，除非你做了或体验到某些极其有意义的事，否则你的门卫可能会将你领回走廊，你的事件因此注定永远成为一段美好的回忆而已……

所以，你明白了吧？我向你认真解释了为什么你的耻辱奖杯房间里藏品多多，但是优秀奖杯房间中却与此相反——并同样详细解释了为什么即便是在最幸福的日子里，大多数人也只是感到"略微得意"。

哦，你还发现自己雇佣并培训了一个门卫，他认为自己是个巫师，并表现得像这里的主人一般。

那么，你将如何面对这一切呢？你是否感觉自己终于了解得足够多了，能够扭转**奖杯效应**了呢？或者说，你是否需要一些辅导呢？

而且，这个门卫到底是谁呢？

— 一场全新的比赛 —

* * * * * * * * * * * * * * * *
"太多人低估了自己的能力,却放大了自己的缺点。"
　　　——马尔科姆·福布斯(Malcolm Forbes)
* * * * * * * * * * * * * * * *

— 奖杯效应 —

笔记：

——一场全新的比赛——

第十三章
走廊尽头的光

不管出于什么原因,你还会让这个"幕后的家伙"掌控你的生活多久?你什么时候才会准备好面对自己的门卫,结束他的魔法控制?你何时才会让他知道到底谁才是真正的主人?

记住,你培养了这个人。他是为你服务的。然而,作为两个奖杯房间的看门人,他严苛地守卫着走廊一端的优秀奖杯房间,同时却对耻辱奖杯房间睁一只眼闭一只眼。可是,这正是你能够夺回控制权的原因,因为他为优秀事件评分的标准取决于你!你编写了《规则手册》,并确立了指导方针。当然,你在年幼的时候就无意中做了这些事——但是,这些年少无知时做出的决定还要控制你的生活多久呢?

实际上,你完全有能力随心所欲地待在自己的优秀奖杯房间中。毕竟,那是你自己的奖杯房间。谁会最终掌控你的生活呢?如果你选择由于按时起床或是煮了一大杯咖啡而奖励自己一座奖杯,那么谁又能阻拦你呢?如果你觉得自己因为出差或是处理电子邮件而值得赢得一座奖杯,那么直接告诉门卫即可。最后,他的职责在于接受你的信仰和价值观——这意味着,一旦你有意识、有目的地选择修改自己的评分标准,那么你的意愿就会成为对他的命令。

— 奖杯效应 —

即便如此，这个家伙不太可能接受任何修改和变动，除非他认为这么做是"安全的"。到那时，他肯定会将一切政策变化视作对你生存的威胁，甚至会尽全力抵制你最强大的意愿。但是，为什么你的门卫如此在意你的生存呢？好吧，他的秘密即将揭晓——因此我也会坦诚一切，守卫你的奖杯房间只是他的"兼职"工作。因为他从未远离任何一个奖杯房间，否则你就会知道，这个幕后的家伙原来是——你的心灵……

是的，没错。实际上，这个自我膨胀又令人讨厌的家伙就是你的心灵。他的唯一目的就是保障你的生存。他会乐于看到你谨小慎微地过完自己的余生，并为他迄今为止能够很好地保障你的生存而感到骄傲！实际上，不管你已经接受了什么样的挑战，你的这个"小巫师"每一次都履行了自己的使命！你战胜了所有的挑战——这也是他为什么毫不介意你去修改那些一直以来采用的指导原则。

实际上，你所秉承的规则造就了现在的你！虽然这些规则很少让你有所成就，但毫无疑问，它们让你生存了下来！你的小巫师将其牢记在心里！他利用你害怕自己不够优秀的忧虑，他也一直明白，如果他只是让你摆脱烦恼并维持现状，那就能保证你一直生存下去，直到你离开这个世界的那一刻。到那时，你就会小心翼翼地过着平凡的生活，成功地过完一生，如此一来，你的生活中也就不会出现那些"稍显得意"的时刻。当然，虽然幸福与生存无关，但是假如你能平平安安，那么他依然会将其视作一种"胜利"，这种平静的生活全都是他的功劳！

然而，你不久就会"修改"自己当前的规则和指导方针，否则为了能避免重蹈覆辙，为了能迎接崭新的未来，你还有别的选择吗？

— 走廊尽头的光 —

除非在自己的优秀奖杯房间中多停留一段时间，否则你怎样才能培养更加强大的内心呢？除非你有意识地清除自己的耻辱奖杯房间，否则你怎样才能摆脱所有的负能量呢？

最终，你的"门卫"将乐于执行你所设立的任何新规则。然而，当你最初产生想要修改评价标准（之后奖励给自己更多优秀奖杯）的意愿时，我向你保证，为了能说服你放弃这一决定，他会无所不用其极。因此，这是个好机会，你会很快开始加入到生命中最重要的一次博弈里……

毫无疑问，你的心灵可以毫不费力地全力投入到这场拉锯战中。毕竟，如果你想要培养更多激情或信心，那么你就会产生更大的梦想，你很有可能拥有这样的追求——这会导致失败！出于这个原因，你的心灵当然要将优秀奖杯的增长视作对你生存的威胁。

因此，你必须准备战胜自己心灵中"对个人增长的本能抵制"——因为你的门卫肯定会坚定立场，直到他认为任何宽松的规则都不会让你陷入危险之中，不会让你感觉沮丧，让你显得愚蠢或是无能（如你所想，这些都将会成为你的威胁）。

然而，如果你选择坚持到底，你的心灵最终会接受你的那些"修订后的评价标准"（与此同时，还会在你的头脑中建立新的神经节点），你会因此发现它将一如既往地保持警惕，以保障你的新观点！

实际上，这正是一个人建立"情感肌肉"的过程，也是你成长的必经之路！一旦你的门卫深信你对自己的新选择持有认真的态度，那么他会骄傲地护卫着你的新"生活方式"（你的新规矩），支持你的自我！

— 奖杯效应 —

可是，如果你让自己的心灵处于上风，那么你就注定会发现为什么多数人都不愿意做出改变。为什么当大部分人试图修改任何行为方式时，我们最终会认输——不管是它克服了一种忧虑，想要减肥，还是试图摆脱对某种东西的过度使用。因为当心灵转入生存模式时，它只是按照预期尽职尽责罢了——它如此尽力，以至于自我更容易受到伤害。因此，就像在第二章中提出的那样，你的心灵很可能会赢得每场角逐的胜利，除非你坚持主动地"按照自己的意愿去生活"——其中，你的意识、意图和勇气会凌驾于生存之上。

此外，关键是你不要低估心灵的力量——就像那些保障生存的本能一样，也是它们让我们放弃。

例如，就习惯或嗜好而言，如果目前的行为令你感觉无比舒适，那么改变这一习惯或嗜好可能就会被当作是打破你幸福状态的一种威胁，你的心灵会抵制任何想要改变该行为的尝试。你看，你的心灵完全不在乎某一嗜好或习惯是否会让你丢了工作或是失恋（甚至可能对你的健康产生严重的影响），它只关心当前正在发生的事情，以及如何让你战胜困境，并最好地生存下去。因此，它会促使你选择一种行动，以防止你失败、受控制、犯错误、感觉沮丧或是显得不够优秀。

即便如此，还有更为重要的事情。虽然你的心灵准备因某事为你颁发耻辱奖杯，来证明你不够优秀，但是此外，关键是你不要低估心灵的力量——就像那些保障生存的本能，也是它们让我们放弃这一想法。但是首先它只会先尽最大的努力帮你清除这些事件。毕竟，因为感受到你不够优秀是件痛苦的事情——还因为心灵本身就是要排斥痛苦的——它通常会避免任何一个能奖励给你奖杯的机会。

— 走廊尽头的光 —

然而，一旦确实发生了某件足以获得奖杯的事件——而且你已经赢得了这样一座奖杯——它就会津津有味地享受这一时刻！很奇怪，是不是？

你看，心灵在悖论中游戏，而且心灵总是说："我早就警告过你。"心灵喜欢根据过去的经历来预测未来——每当它警告你可能会出现问题，结果又一语成真时（这既是"自我实现的预言"，还能解释你为什么不能轻易消除对某物的滥用或是一扫阴霾心情），心灵都会将其视作一种"胜利"。实际上，有多少次，你发现自己会产生"我早就知道事情会发展成这样"的想法呢？

然而，既然你发现了这一过程，你就有能力将其反转，因为这种特殊的心灵功能恰恰可以为你所用，成为你的优势。关键是明白，虽然消极的想法和情感出现得很多，但是积极的想法和情感也是如此——这是"吸引力法则"在心灵中发挥作用的原因之一。

记住，心灵喜欢不犯错，喜欢赢。因此，它最终会接受你的愿望，并帮助你得到自己期待的一切东西！当然，这也意味着如果你相信自己一直是一个受害者，或是确信自己一直是郁闷的（而不仅仅此刻是受害者或此刻感到郁闷），那么心灵将会同样期待更多，会坚持自己的看法是"正确的"。毕竟，它曾经警告过你。

然而，如果"你"（你的自我）能说服心灵，即你想要实现一个梦想中的目标，并主动克服一切忧虑或阻碍以达到这一目标，那么之后它会因为你超越了忧虑而心甘情愿地奖励给你优秀奖杯，而不是因为你放弃而颁发给你耻辱奖杯。因此，它会赞赏你是个成功者，并认为这一观点是"正确的"，而不认为你是个半途而废的人。

不管你认为自己能做到或不能做到，你都没有错。因此，关键

— 奖杯效应 —

是你向心灵表明，通过奖励给自己应得的优秀奖杯，你公开支持了自己的意愿。一旦你真正地这么做了（你将在第十九章中学会相应的方法），你将开始训练自己的心灵，使其把克服阻碍视作"正当的"，并因此让它用"我早就告诉过你"这句话来赞赏你的成就，而不是以此来嘲笑你的失败。

一旦这一过程"开始发挥作用"，你的心灵将不仅乐于接受新的挑战，还会在你战胜困难时乐于证明你是正确的，极大改变你头脑中的默认设定，从"被动反应模式"（避免忧虑或挑战）调整为"主动应对模式"（接受诸种可能性）！鉴于此，我鼓励你现在就开始这一行动，在我们接下来的旅程中，尽可能多地出现你的意愿——因为如果你有目的地参与进来，你很有可能被改变……

* * * * * * * * * * * * * *

"世上的事物原本没有善恶之分，只是思想使然。"

——威廉·莎士比亚（William Shakespeare）

* * * * * * * * * * * * * *

— 走廊尽头的光 —

第十四章
一点常识

　　如今，你很可能已经了解到自己让忧虑和生存在多大程度上塑造了你的思维。虽然这种领悟非常关键，但是为了反转**奖杯效应**，你所能做的唯一最重要的事情是尽自己最大的能力，填满优秀奖杯房间！

　　当然，这一定会改变走廊中的优秀奖杯房间，然而，一个人无法忘记走廊另外一端的房间中盛满了"耻辱证据"。毕竟，如果你不能减轻自己耻辱奖杯房间巨大的负面影响，那么最大限度激发优秀奖杯房间的积极能量又对你有什么好处呢？

　　负能量压倒了你，它很有可能来自你目前收藏或以后很有可能赢得的耻辱奖杯，此时你保持任何积极的想法或情感又有何用呢？实际上，如果你发自肺腑地担心自己不够优秀，那么你又怎么可能防止这种忧虑"吞噬"你的优秀奖杯呢？

　　实际上，害怕自己不够优秀的忧虑一直来自内心——因此它时刻都存在。然而，是你自己——我们还要探索另外一个房间——在这个房间中，你会很快得知所有问题的答案……

　　因此，请允许我带领你"退回去，穿过走廊"，去一个我们曾经路过的特殊房间。你可能甚至都没有注意到这个房间——因为多数人都不曾注意到——即便注意到了，他们也不曾在里面逗留。但是，这才是我们一直寻找的那个房间。

在这里，你我将要理解并消除连锁反应困境。在这里，我们将要反转**奖杯效应**，这样我们才能将其转变成对你有利的东西！

首先，鉴于你的心灵对生存极为感兴趣，而不太关注更高的心理层面，这是你心灵中唯一一个能够"脱离"你的门卫控制的房间！

因此，我建议你不仅要享受这次能够远离自我的短暂时光，而且尤其还要特别关注自己将要在里面看到的东西——因为我们即将到达那里……

让我们看看，第一扇门上写着……"半途而废的事"——不是，不是这个，而且我确信，你不会再往里面储存太多东西……下一扇门……"没有兑现的承诺"——同样，我相信也不是这个……那么我就看到了……"最终目标"——嗯，我不知道这扇门是否曾打开过，但是我建议你标记下来，因为你之后将很可能不想回到这里了……

啊！这才是我们一直寻找的那扇门！"常识"。欢迎来到你的常识房间。既然你的门卫没在门前伺候，那么请允许我打开房门……

好，我们进来了。房间很小，是吧？但是，你会发现里面有扇窗户——一旦我们拉开窗户上的窗帘，我保证你会觉得房间大了一些。无论如何，既然我们进入了房间，那么你就会很好地理解我们目前看到的一切。然而，为了达到这一目标，你将不得不忘记自己是谁……

你看，为了"更好地理解"你将要体验到的东西，你将不得不站在一个完全中立的角度思考。你必须主动采取完全客观的视角。

——一点常识——

因此，我建议你不仅要反思自己在门前"已经了解"的东西，而且还要想象自己是某人的咨询师。你就是自己的咨询师。那么为了能完全理解你将要看到的一切，你必须要成为什么样的咨询师呢？

当然是一位具有常识的咨询师了。

我建议你回答下面这个问题时就要采用这个视角，即一旦你在自己的优秀奖杯房间中多逗留一段时间，你将要如何防止那些耻辱奖杯带来的消极情绪压抑自己期待的积极情感呢？你真的相信自己能轻易地忘记耻辱奖杯房间的大小和里面的藏品吗？

好吧，也许你的心灵在耍着你玩，但是除了拉开这扇窗子的窗帘，我找不到更好的办法来恢复你的记忆了。因为正如你将要发现的那样，你的常识房间刚好就位于耻辱奖杯房间隔壁。鉴于此，如果你只是想象自己用力拉了窗帘——它就在那里。看起来眼熟吗？

虽然我确定事实如此，但是我要求你在它出现在这扇窗子前时，能够在头脑中尽可能地勾勒出各个细节——位于上方偏后的位置——你能从这里马上俯瞰到整个房间。在这个有利位置，请你花点时间想象，你上次在这里观察到的一切将会从这个角度再次出现。同时，让你自己反思一下这个房间给你的生活造成了多大影响。每当你犹豫不决的时候，每当你没有得到足够的奖赏却知足常乐的时候。来吧，慢慢来，好好想想。但是，即便是你站在"中立的角度"去思考上面这个问题，你还要让自己回忆一下内容，即每当你又赢得了一座耻辱奖杯并不得不进入到这个房间中储藏起它时，你感觉如何……

— 奖杯效应 —

* * * * * * * * * * * * * * * * * *

辅导：对你来说，虽然回想自己曾感受过的任何痛苦非常关键，但是你无须真正地体会到那种痛苦；因为我们的目的只是发现你不喜欢造访这个房间，而且也没有理由继续这么做……

* * * * * * * * * * * * * * * * * *

记住，作为一个"毫无偏见的顾问"，为了给出有意义的建议，你必须站在客户的立场——所以，当你凝视着窗外时，请你体会自己的感受。注意所有的奖杯柜子和所有的耻辱奖杯，包括那些所谓重要的奖杯。你到底有多么"不够优秀"？你到底做过多少没有意义的事情？实际上，就算你站在这种视角，你是否能坦诚地想象自己能赢得足够多的奖杯，从而抵消你眼前的所有负能量呢？

鉴于我们所在房间的名字，如果你的答案是否定的，我也能接受这一回答。接下来我会问你一个最重要的问题：

> 到底是什么原因让你想要回到这个房间，或是想保留任何一座耻辱奖杯呢？

我再次恳求你采用客观的立场，做一个"常识顾问"。那么，我问你，如果你可以选择——而且你确实可以——针对这个房间及里面的奖杯，你会给出什么建议呢？

在你思考自己该如何做的时候，请允许我说明"杰森顾问"的建议，当我们透过他的常识房间望向窗外时，那是个体育馆大小的

—— 一点常识 ——

耻辱奖杯房间——

"烧了它。"他说道,"把所有东西都烧光。"

一点也不意外,杰森的解决方式迅速而坚定。然而,你有什么建议呢?也许你的建议会略微不太坚决,但是难道你不也希望看到这个房间以某种方式被封存吗?难道你不想处理掉所有的耻辱奖杯吗?

现在,当你作为顾问继续思考"常识"的解决办法时,你是否注意到你的心灵还有其他想法呢?记住,我警告过你,那个小门卫不会轻易让你打破现状,所以你能想象得出来,当你想要关闭他的耻辱奖杯房间时,他会有何反应。

即便他不能进入此地,但是你可以肯定,他就在外面的走廊上,在门外为自己辩护。因此,你是否能"听到"他在恳求你再好好考虑一下呢?你是否能"感受到"他试图说服你,一把火烧掉耻辱奖杯房间可能不是最好的选择?他是否正在设法建议,不管你可能正在谋划什么东西,如果你认为自己能不靠耻辱奖杯房间就"生存"下去,那么这都是相当愚蠢的想法呢?

当然他就是这么做的——这也是为什么我建议你站在客观角度思考解决办法的原因——摆脱他的影响。那么,从中立的角度,也站在这扇窗的位置看,请你再次注视自己过去的错觉造成的这些耻辱奖杯,然后坦白地告诉我,你为什么还想要收藏它们?你出于什么原因才会想再次拜访自己的耻辱奖杯房间?记住,我们并不是说要丢掉你的记忆或是你的意识,只是要消除你的耻辱奖杯而已!

好好想想。再次来到这个房间的唯一原因将会对你或他人毫无益处。之后,一旦你又进入那里,你只会想起自己的"消沉时光"。

—— 奖杯效应 ——

这有丝毫的意义吗？如果没有什么原因强迫你回去，那你又何必自讨苦吃呢？所以我再问你一次：针对这个房间和里面的所有奖杯，你给自己提供什么建议呢？

我们当然知道杰森要做的选择，但是我曾与成百上千的客户共同体验了这一过程——所以，请让我谈谈其中几个人的建议吧。有意思的是，他们的职业似乎影响了他们的建议……

克雷格（Craig），承包经理：用砖堵死。
卡罗尔（Carole），总经理助理：切碎它。
辛西娅（Cynthia），搬迁专家：将它挪走。
凯伦（Karen），演员：把它从剧本中删除。
谢尔顿（Shelton），律师：判其有罪，强制铲除。
马修（Matthew），银行投资人：清算一切，并将其关闭。

顺便说一下，虽然参与过这一过程的每个人都曾极大受益，但是马修似乎对该过程最为赞赏。实际上，他是本书中的"奖杯之王"，当我们进入他优秀奖杯房间的那天，我发现里面已经收藏了成百上千个奖杯了，因此我授予他这一称号。然而，与他的耻辱奖杯房间相比，其优秀奖杯房间就相形见绌了。因此他非常乐意去"清算所有耻辱奖杯，并将这个房间永久关闭"。

那么，你是否已经决定怎样处置你的耻辱奖杯房间了呢？

不管你怎么做，我恳求你不要理会那个在走廊中发脾气的小门卫。显然，他丝毫不满意你关闭自己的耻辱奖杯房间，这会对你的心理造成重要的影响——因为在清除对你生存造成的威胁时，他显然就是"一根筋"。从他的立场看，任何想要消除耻辱奖杯的尝试都会威胁到你的生存。当然，这也是他勃然大怒的原因。

虽然我们知道他为此不高兴，但是实际上，那又能怎样呢？毕竟，这又不是说他要失业，因为他毕竟花了大部分时间来看守你的优秀奖杯房间——你当然不会很快就清理掉那个房间。因此，清理掉这个对他似乎可有可无的耻辱奖杯房间又能怎么样呢？

实际上，这是两回事。你应该对此有所发现，以便在关闭这个房间之后，他又出现在你面前，诱惑你再次打开这扇门。我向你保证，他会这么做的。直到你没有耻辱奖杯也能活得很好，他才能对此满意……

你将要回想起来，每当心灵察觉到一种威胁时，它马上就开始搜寻你的过去，来确定自己以前是否遭遇过类似的威胁。为什么呢？因为如果你遇到过，而且你还活得好好的，那么你显然存活下来了。在这种情况下，因为你的心灵上次促使你做出的行动肯定行之有效，所以它这次会鼓励你采取同样的办法，从而让你安然走出当前的困境。

你认为你的心灵将会去哪里搜寻，以便决定如何才能让你消除和"上次"类似的威胁呢？

是的——在你的耻辱奖杯房间中。如果你再次从这扇窗望望自己的耻辱奖杯，你就明白其中的原因了……

那么，你看到什么了？是的，我知道——大量能证明你不够优秀的证据——这当然就是你为什么很快就要"将此地关闭"的原因。然而，你还能在这个房间中看到什么呢？你不顾一切地赢得了这些奖杯，除此之外，你还"做过"什么呢？每当你半途而废或是证明

— 奖杯效应 —

自己不够优秀的时候，还发生了什么事呢？

你又说对了——你存活了下来！每次都是如此。虽然你不够优秀，虽然一次又一次地放弃，但是你依然活着，并编织着谎言！！！

因此，你是否发现每当心灵因为你不够优秀而奖励给你一座奖杯时，他同样就是认可了你从危机中存活下来这一事实呢？在这种情况下，耻辱奖杯房间中的奖杯不仅成为证明你不够优秀的"证据"，它们还能证明你存活了下来！！！

那么保证你的生存是谁的职责呢？每当你赢得奖杯，存活下来并将奖杯存放到耻辱奖杯房间时，又是谁在尽自己的职责呢？没错，是门卫，是你的心灵。

因此，虽然心灵确实是用耻辱奖杯来证明你不够优秀，但尽管你不够优秀，心灵也确实将奖杯视作能帮你走出困境的奖励——当然，是奖励给他自己，难道不是吗？因此，你是否发现，心灵其实是为他自己收集奖杯，而不是因为你的缘故？实际上，这难道不是更符合"常识"的解释吗？

事实当然如此。然而，心灵出于什么原因奖励给自己奖杯呢？

他肯定是忠于职守了，难道不是吗？实际上，难道他不是做了两份工作吗？他难道不是既"证明了你不够优秀"，又同时"让你存活了下来"吗？看起来我应该赢得一座奖杯了。事实上，我很奇怪这个小门卫没有为他自己颁发两座奖杯！

无论如何，你是否发现，心灵根本就没有奖励给你任何奖杯呢？当然，他曾用奖杯来证明你不够优秀，但是他没有将奖杯奖励给你。心灵出于恪尽职守，将奖杯颁发给了他自己。因为他让你存活了下来！因为他是你的英雄！因为他一次又一次帮你走出困境！！

——一点常识——

鉴于此，你是否发现这甚至根本不是你自己的奖杯房间呢？这是心灵的"自我"的房间。虽然你接管了它，并总是认为它属于你，实际上，这是心灵的"优秀奖杯房间"——这也是为什么当你想要关闭这个房间时，你的门卫并不怎么开心的原因。

既然你知道了这不是你自己的房间，你是否应该不再感到沮丧了呢？如果你能这样想，是最好不过的。即便你现在发现自己并没有真正地将耻辱奖杯放入你的耻辱奖杯房间，你是否注意到，你的心情没有丝毫的好转呢？毕竟，不管这是你的耻辱奖杯，还是心灵的优秀奖杯，这仍然是能够证明你曾半途而废的奖杯。因此，不管这是谁的房间，镌刻着你名字的奖杯依然源源不断地涌进来，这意味着只要你进入此房间，你就还会感觉到痛苦。

在这种情况下，让我们开始举行关闭房间的庆典吧！！！

但是，不要指望你的门卫能出席该仪式——当然，除非他是为了抗议而出现。因为如你所知，除非他确定你是认真的，否则他不会做出让步。到那时，他会接受现实。他会存活下来……

毕竟，这是他的职责所在。

* * * * * * * * * * * * * * * * *

"多想想你目前的福祉，不要眷恋过去的不幸；每个人都有很多福祉，但只有点滴不幸。"

——查尔斯·狄更斯

* * * * * * * * * * * * * * * * *

辅导：你不是你的心灵！请你清醒地理解自己观察到

— 奖杯效应 —

的一切。注意，当你（的自我）进入到你的耻辱奖杯房间中时，你感到痛苦——但是每当你的心灵来到这个房间中时，他却愈发认为自己是正确的。因此，你的自我（意图）和你的心灵（生存）之间存在着明显的差别。

笔记：

——奖杯效应——

第十五章
锁好门，扔掉钥匙

在只有少数人将其视作常识的情况下，一个人如何才能关闭自己的耻辱奖杯房间呢？

第一步，从一开始就承认是自己创建了这个房间。之后，你是否愿意承认，根本没人强迫你用奖杯装满自己的耻辱奖杯房间，也没有人阻止你往优秀奖杯房间存放奖杯呢？你是否发现，这两个房间都是因为你才存在的？一旦你明白最开始是你自己创建了这两个房间，你就会知道，你完全有能力按照自己的意愿再次创建它们。

关闭你的耻辱奖杯房间只是对你的愿望和意图的表达。你一直有能力将此房间关闭掉。你只是没有发现罢了。真见鬼，你甚至都没有发现自己拥有这样一个房间！但是一旦你发现了自己的能力，关闭此房间就不难了，只是你想不想做的问题。实际上，一旦你确信自己应当这么做时，这个房间和你所有的耻辱奖杯都将只是一份遥远的回忆罢了。

然而，如果你担心这个房间会带来某种使用价值，说不定将来某个时候会发挥作用，或是如果你后悔将其关闭，那么你可能对关闭该房间感到略微不安。

那么，你的选择是什么？你是依然处于牢笼之中，还是已经准

— 锁好门，扔掉钥匙 —

备好锁上门，扔掉钥匙，从而夺回对自己生活的控制权呢？

如果你对关闭此房间犹豫不决，你是否愿意承认，是那个在走廊上大发脾气的门卫让你产生了这样的想法呢？记住，他可是个非常卑鄙的人！实际上，就让你质疑自己而言，他可是个专家，与此同时，他还让你相信他与此毫无关系——这也是很少有人能够察觉到他的影响的原因。与之相反，他却让我们相信，我们"是为自己着想"，我们只是活得谨小慎微罢了。

因此，即便你得出结论，认为自己完全有理由关闭这个房间，如果你对此举棋不定，那么这依然不是一件容易的事。鉴于此（也因为你能够做出"正确的"决定），我将会帮助你弄清楚，你的优柔寡断在多大程度上源于以下一个或多个顾虑：

❋ **道德感**：如果我们变得过于自由，从而不再考虑是非对错，或是完全抛弃了我们的社会道德观念怎么办？

❋ **谦逊**：如果我们变得过于"自我膨胀"，从而没有人支持自己怎么办？

❋ **断绝与现在的爱人或是同龄伙伴的交往**：如果我们改变了，但是"他们"却维持现状怎么办？如果我们心胸开阔，变得更幸福，但是与我们交往的人却不是这样怎么办？

❋ **害怕未知事物**：若是没有奖杯房间的生活过于恐怖怎么办？要是我们变得过于放纵，毫无拘束怎么办？

— 奖杯效应 —

✻ **生存（头等大事）**：心灵以后如何决定我们该如何消除威胁，从而保障我们的生存呢？他怎么知道该如何去做呢？毕竟，迄今为止，我们都活得好好的。也许心灵真的不知道怎么做才是最好的选择……

得了，也许你的心灵知道最好的选择是什么。而且你认为是谁在衡量那个决定呢？自我，还是心灵？记住，从心灵的角度说，你不够优秀，无法解决这些"假设的情况"——这会证实以上内容都是他做出的解释，为了不让你关闭自己的耻辱奖杯房间，而不是你自己的理由！

在任何情况下，你都不能有意识地封闭自己的记忆。因此就算扔掉所有的耻辱奖杯（连同那些证明你不够优秀的证据），你将依然能回忆起这些事情来。这意味着，当你想起它们时，你还将能回忆并利用你从中得到的教训（你要么将其作为激励自己的因素，要么利用其帮助自己以后避免犯类似的错误）。

不管你感到多么不应该，或是想要放弃，这从来都不是源于你的**耻辱记忆**，而是因为那些储存在奖杯房间中的记忆，它们证明你不够优秀——它们还证明，是"你不够优秀"这一原因导致你很快就会放弃。从这一点来看，这些记忆只会原封不动地继续存在，只是作为**记忆而已**，而不再是"证据"，除了那些能证明你是人类的证据。我们很快就会探索这个问题……

最终，是按照自己的意愿**主动生活**，还是**被动地做出反应**，决定权在你手中，因为你的心灵能永远获取你**所有**的记忆。因此，如

— 锁好门，扔掉钥匙 —

果你愿意改变以往日复一日的生活模式，你依旧能够做到。如果你还是想要安安稳稳、谨小慎微地生活下去，也没有人能强迫你去冒险。而且，如果你只是想按照自己的良心生活下去，而不是开拓自己的事业或是拥有更大的目标，那么尽管这么做吧。

你看，一旦你拆除了自己的耻辱奖杯房间，你依然还能行使以前就有的选择权——除了为自己颁发耻辱奖杯的权力。可是这会引发某些问题。

另外，如果你害怕自己因为放弃了耻辱奖杯房间而在某种程度上遭受损失，那么我建议你还是不要多虑。放弃它。我保证，你不会因为消除自己不够优秀的想法而变成一个傲慢的混蛋。你也不会变得如此自负，从而妄自尊大。

实际上，随着你开始体验到自己是个"完满的整体"，你很有可能开始关注他人，也开始意识到自己能产生与别人更多的共鸣。此外，你当然不会仅仅因为自己不再被过去的失败所控制，从而辞职或是鲁莽地拿毕生积蓄去投资。

毕竟，我并不是要建议你放弃自己的心智或是常识——只是让你扔掉自己的耻辱奖杯！

那么，你是否准备好放手了呢？你是否准备好封闭自己的耻辱奖杯房间，不再证明自己不够优秀了呢？如果你的答案是肯定的——而且你的回答是发自肺腑的，那么这个愿望已经达成了。这个房间消失了！！

当然，如果能让你感觉更舒服些，我可以配合你，对着耻辱奖杯房间吹口气——但那可能意味着我们在使用某种魔法，而实际上，能否拆掉耻辱奖杯房间与魔法毫无关系，这只不过是你的意愿在发

— 奖杯效应 —

挥作用，它摆脱了你的心灵和社会规训。

你看，一个人完全可以既按照自己的意愿生活，又保障生存。因此一旦你充满正能量并带着信念去"表达自我"（由此向世界宣布，你将只是因为自己这么说过而改变某种行为方式），那就是"按照自己的意愿去生活"。一旦你说出这一宣言，并不再接受任何耻辱奖杯，那么你就不会赢得新的耻辱奖杯——当你决定不改变耻辱奖杯房间的时候，你就会获得新的耻辱奖杯！

即便如此，你的心灵不可能很快就"退休"，因此我可以向你保证，只要你的门卫发现某种危险，他依然会尝试干涉你。但从此以后，出于以下两个原因，你将有足够的能力漠视他：

1) 因为你确实足够优秀！实际上，我们都足够优秀——即便我们同样都能感受到恐惧源于一些假象，但你我都是完美的个体，即便是用最狂野的想象都无法准确描述我们的优秀程度。因此，你是有价值的，必须拒绝接受耻辱奖杯。

2) 因为你没有必要接受耻辱奖杯！你的问题是源于你对这一切毫无所知。但如今你知道自己有能力向他说不！

* * * * * * * * * * * * * * *

"现在，你可以放弃自己的过往。丢掉它。你需要一位老师，让你明白你自身拥有无法估计的能量。"

——韦恩·戴尔（Wayne Dyer）

* * * * * * * * * * * * * * *

— 锁好门，扔掉钥匙 —

你只是个普通人。因此，你永远无法完全摆脱心灵的一个倾向，即保障你的生存。当你为了达成某一目标而采取行动时，你可能还会体验到某种程度的恐惧。此外，我向你保证，你会犯错，有时会做一些自己不愿意做的事情。然而，这些都不能证明你不够优秀，这只能证明你是个普通人。

实际上，除非你决定给自己挖个洞，永远藏在里面，否则你一定会时不时地体验到自己"不够完美"。

在棒球比赛中，即便最好的击球手在击球时，每击十次也会出现六次的失误。在迈克尔·乔丹的篮球比赛生涯中，他错失的得分比自己赢得的分数还要多。就算托马斯·爱迪生也是在经历了一千次的实验失败之后，才成功发明了电灯泡，从而最终"见到曙光"。因此，除非你真的谨小慎微地度过余生，否则毫无疑问，你会不止一次感到自己的不足。但就算你感到不足，这只能证明你就像其他任何一个人一样，是个普通人而已。

因此，如果你感到不足，这只能证明你目前还没有成功。

那么，我的普通人朋友，既然你不再进入自己的耻辱奖杯房间，当你下次再察觉到危险或不足，犯了错或是害怕自己不够优秀时，你会怎么做呢？首先，你现在可以参考那些"已经醒悟"的人和已经发生转变的人在面对自己人性时的做法。就是什么也不做。

是的，无为。因为一旦你意识到并尊重自我和心灵之间的区别，之后有意识地关闭自己的耻辱奖杯房间，能够"无为"就是个不错的选择。这意味着从现在开始，你将能选择"什么也不做"，而不是"为了生存而做出反应"——至少一直到你形成一种有意识的、明智及恰当的反应为止。

— 奖杯效应 —

换句话说，下次当你感受到某种危险时，你将能只观察，并消除自己对恐惧做出反应的本能冲动（而不是让你的心灵从过去的经历中寻找一种保证生存的反应）。之后，你将习惯以一种有意识和目标性的方式，朝着自己的目标前进。

因此，你将有能力忘记某些事，而不是奖励给自己一座耻辱奖杯（这是件好事，因此你没有地方可以存储这种奖杯了）。既然你发现了"生存"的能量，你就有能力选择按照自己的意愿生存下去，而不是在面对自己不够优秀的担忧时，臣服于一种冲动，去证明自己是优秀的。到那时，你将能随心所欲地"生活下去"。

这听起来似乎令人耳目一新，但是它会成为一种习惯——因为长久以来，你的心灵都很乐于奖励给你耻辱奖杯，而不是"忘却某些事"。但是，我向你保证，训练自己不在意某些事并不像你想象的那么困难。

为什么呢？这是因为在一生中，你实际上都在忘却某些事。因此，你已经是这方面的专家了。

那么，你是否忘记了为什么优秀奖杯房间中的奖杯如此寥寥可数呢？没错，因为当你值得受到表扬的时候，你几乎从不奖励给自己优秀奖杯。你完全明白，自己一生做了并经历了很多好事——但是你却习惯于对这些事情或自己的成就不闻不问。与之相反，你选择"忘掉这些经历"。

因此，恰恰是你的心灵横在你和以往某些事之间，以前，你可能会因为这些事情而奖励给自己耻辱奖杯。你已经做好了准备，但很少在面对挫折时使用遗忘的能力。

然而，既然你发现了自己总是无意间遗忘某些好事，那么你将

— 锁好门，扔掉钥匙 —

能有意识地并按照自己的意愿遗忘那些挫折，只要你选择这么做！

这就揭示了**奖杯效应**的第四个观点，即你已经具备遗忘的能力（你那少得可怜的优秀奖杯数量显然能够说明这一点），而且当这一能力与另外三个观点共同使用时，该能力能让你形成一种更易于自我谅解、更积极的心理。

鉴于这第四点，你是否准备好并愿意遗忘了呢？你是否准备好不仅放弃所有的耻辱奖杯，而且要消除一切拒绝颁发优秀奖杯的理由呢？你是否准备好依照"你的辉煌经历"而建设一个崭新的未来，而不是继续生活在自己不够优秀的忧虑之下呢？

毕竟，你已经了解了足够多的东西，足够成为生存方面的权威，毫无疑问，你也能讲授关于**奖杯效应**的所有四个观点。此外，你也亲眼看见自己的耻辱奖杯房间是如何装满了奖杯，以及为什么你的优秀奖杯房间的藏品却寥寥可数——你还发现窗帘后的那个门卫不守门时他在做些什么。

为了让你从我们剩下的旅途中获取一切应得的收获，重要的是，你意识到自己的思维在多大程度上不知不觉地受到你的"社会规训"的影响。你要认识到这一事实，即在接下来的六个章节中，你的"潜意识的、被文化限制的评价过滤器"其实只会让你囿于自己的鱼缸之中。

即便你可能受到启发，每次会有片刻摆脱了自己的文化规训，你也不太可能采用与别人不同的角度来解释目前所读到的一切内容——即通过适应社会环境的角度去思考。换句话说，这就是其他多数人（文化）视之为正常或是"传统的"思维方式。

读到此处，你可能已经达到了第一个目标，我曾在第一章中给出过你这个承诺——当你读完此书时，你将会从传统的和改变之后的视角分别看待这一切。因此，如果我要兑现自己的第二个承诺，那么我们很有必要以改变后的角度重新审视一切。

我非常想要达到这一目标，这也正是我们将要在后面的章节中要实现的目标，因为我们不仅要审视你我是如何思考的，而且还要讨论我们思考的起点。换句话说，我们将要探讨除了**奖杯效应**，是什么塑造了我们的思维。

在此之前，我建议你考虑一点，因为在阅读这本书之前，你根本就没有察觉到与你的鱼缸有关的大部分内容，这是不是意味着，还有你依然不知道的东西呢？

在确定你能接受这一假设以后，我鼓励你完全接受这种可能性，因为我们就要从这一角度来探索我们的思维和整个世界的本质了。实际上，你面对的不仅是发现自己未知事物的机会，而且还是站在更自主的角度，从一种"神圣"的角度，重新思考自己已知事物的机会。

鉴于此，你可能也准备好与自己的鱼缸吻别了……

* * * * * * * * * * * * * * * *

"欲寻自己之位，先要独立思考。"

——苏格拉底（Socrates）

* * * * * * * * * * * * * * * *

— 锁好门，扔掉钥匙 —

笔记：

— 奖杯效应 —

第十六章
跳出鱼缸，走向世界

* * * * * * * * * * * * * *

"我是我所想。一切源于我们的思想，我们用自己的思想创造自己的世界。"

——佛陀（Buddha）

* * * * * * * * * * * * * *

既然你已经发现自己能够对更多的耻辱奖杯说"不"，那么我向你保证，你很快就会收到几十个优秀奖杯，并可以随心所欲地在优秀奖杯房间中度过更多美好时光！

然而，在把你送到外面的世界寻找奖杯之前，我鼓励你放下自己已经知道的一切——因为我们的目标比只是找到奖杯要宏伟得多，我们还要了解文化灌输给我们的信仰和顾虑在多大程度上不知不觉地影响着我们每个人。在此期间，你可能会发现自己"已经知晓"的东西没有什么用处……

自不待言，一旦你开始关注自己生活中的积极方面，而不是消极方面，你可能会比以前感到舒服得多。此外，寻找优秀奖杯并不仅仅是为了让你感觉好受些，我们还要实现一个更高的目标。毕竟，

— 跳出鱼缸，走向世界 —

如果我传授给你的唯一智慧就是你应该在自己的耻辱奖杯房间少待一段时间，少感到沮丧，而是应该在你的优秀奖杯房间多待一会儿，多体验幸福，那么我可能早就完成了这一目标，无须赘言了。

与之相反，我们刚刚背上了行囊，准备展开一段长达五章的长途冒险，这次旅程能够激发某种洞见，唤起我们适当的领悟——不仅是为了在最大程度上理解**奖杯效应**——而且还为了让你能看到，事情并非总是如其表现出来的那样。因此，我对你只是"感到更舒服"丝毫不感兴趣——因为那根本不值得你花时间阅读此书。

然而，我想要让你体验到你对自我（存在）的感受的巨大转变，因此，你内心的整体改变将会使你更彻底地领悟到一个事实，即你是个出色的人，你能够尽可能充满激情地过好每一天！

实际上，我相信你已经认识到自己的意识层面发生了一种真正的改变。因为除非你的心灵能说服你完全不理会剩下的五章内容——或是除非你之前就通过某种方式知晓了这一点——否则你现在对人性的了解会比以前要多得多。

然而，正如我之前说过的那样，那是不是说，迄今为止你学到的大部分东西是你以前所不知晓的东西呢？甚至以前你都没有发现自己对此一无所知呢？

你看，"我们不知道的东西"可以分为两类。第一类是我们知道自己不知晓某些东西，例如如何制造汽车发动机、跳探戈或是让一个十几岁的孩子做家庭作业。第二类是那些我们甚至不知道自己不知晓的东西——由于社会规训的力量，这些东西在我们生活中消失的时候，我们甚至都不知道它们出现过。

从根本上说，由于"社会规训"的关系，我们依照自己的期待

— 奖杯效应 —

去感受或体验事物，而不是按照它们本来的样子去观察它们。显然，有一些观念或想法如此深入地渗透在文化之中，以至于我们从未想过要去质疑它们。我们不仅将这些东西视作理所当然，而且如果有其他人对其产生怀疑的话，我们就会毫不犹豫地站出来维护它们——即便我们不可能进行任何方式的个人调查，或是以任何方式确认这些事物的真实性。

在长达几百年的时间中，人类都被社会规训着，接受了地球是方的这一看法。毕竟，所有人都能发现这是事实。因此，当哥伦布起航去寻找新大陆的时候，大多数人相信他会从地球的边缘掉下去。当然，这种事没有发生，因为事实就是事实，不管你信或不信。然而，除非你期待去发现事实，否则你永远也做不到——就像我们显然只是看到自己想要看到的东西一样。

例如，在登陆美洲大陆后，哥伦布在土著人毫无察觉的情况下直接驶入了港口，后者根本不知道哥伦布的到来，直到船员从他们的大船上下来，并划着小船靠岸，土著人才得知这一事实。这是为什么呢？因为当地人从未见过像圣玛丽亚号（Santa Maria）这么大的船——甚至也从未想过世界上有这样的船，因此，他们不习惯去感知这些船。当然，土著人以前都见过小船，所以他们完全可以接受自己期待的东西。

社会规训的力量有多么强大呢？我们都听说过伽利略，他由于主张太阳并不是围绕地球转动而被处以死刑。幸好，大多数团体都做出了改变，不再禁止或惩罚这种思想。但是，他们也不是很快就接受这些与当时普遍说法相矛盾的新发现——尤其是当我们的感觉器官察觉到某物，并以某种方式面对一个新发现，而这种发现往往

— 跳出鱼缸，走向世界 —

反驳原来的假设时。

例如，如果美国的奠基者们宣布，我们有权利追求幸福，那么又有谁去质疑幸福是否是必须经过追求才能得到呢？然而我认为，这种观念是由于社会规训而被我们的祖先所共同享有的，此观念产生了**奖杯效应**的第三个观点——跟你想到的一样，即优秀奖杯异常特别并极其稀少。

因此，在能够更频繁地奖励给自己优秀奖杯之前，你必须愿意把自己与这种"文化错觉"隔离开。你必须首先愿意承认，事实上，你已经接受了该观念，并在过去的生活中一直将这些错觉（至少大部分）信以为真。你看，很多人都认为"幸福"或"开心"不是我们直接可以控制的。如果我们参加一次社交聚会，我们能尽力做到最好的就是"希望"自己拥有一段快乐的时光。我们希望如果那里有合适的人，如果碰巧发生某些事，那么我们可能就会玩得开心。我们相信，幸福之所以出现，只是因为某些事物能够引发其出现（或者可能是，只有在几杯鸡尾酒下肚或是人为地改变自己意识的情况下）。

实际上，这只是一种来自社会规训的幻觉，其中，除你之外的任何东西都不能使你感到幸福。事实是，因为人们盼望发生的事才会真的成为现实，因此幸福在很大程度上与人们的意识状态和期待有关。所以，当你既期待要变得幸福，又不再认为幸福存在于你的个人世界之外的时候，你才完全有可能随心所欲地体验到幸福。

然而，如果你相信幸福是难以把握的，那么它也就会如你所愿，或根本不会出现……

— 奖杯效应 —

****

"我相信自己是幸福的,是满足的,所以我便如此。"

——阿兰·勒内·勒萨日（Alain Rene Lesage）

****

"流浪的德国牧羊犬"的故事可以对这种"期待现象"做出简单解释。有一天,这条狗在大街上闲逛时,发现一扇打开的门。原来,这扇门直接通往一家酒店的大厅,几十个人坐在那里,由于各自的需求而等待着。当狗摇着尾巴在大厅里来回走动时,几个人受到惊吓,很快就离开了,而其他人则一边迅速小声说着"狗狗乖",一边伸出手去爱抚这条狗……

那么,这条德国牧羊犬是种威胁,还是为人们带来了乐趣呢？它让人讨厌还是感到有趣呢？是令人害怕还是一条"可爱的狗"呢？实际上,这条德国牧羊犬只是显示出德国牧羊犬的本性而已。这些感受都不是狗天生固有的。狗只是为其所为,而顾客得其所得或见其所见——他们只是见到了自己期待见到的东西。简单地说,"狗只是出于本能做了狗应该做的事情",而其他东西就源于观察者个人的训练。

你是否能发现这种力量如何影响了你呢？在我们的旅途中,你很有可能已经注意到,我们中的所有人都以难以计数的方式受到个人及社会训练的影响。然而,特别是就**奖杯效应**而言,我们受到了文化的规训,从而相信幸福是某种必须追求才能得到的东西,相信为人谦逊是"正确的",而自吹自擂是"错误的",认为与不畏首畏尾相比,"为人低调"才是更令人满意并切合实际的。

— 跳出鱼缸,走向世界 —

此外，当有机会和需要去做出某个决定时，我们容易相信，自己唯一可以做出的选择就是"鱼或熊掌"（二选一），很难相信我们能二者兼得。

实际上，即便是认为自己不够优秀这一普遍看法也来自我们的社会规训，它只是源于一种看法，即你我完全是作为独立的自我而存在。然而事实（虽然无法从我们的鱼缸内部感受到）是，在最基本的意识层面，我们都不可避免地相互联系——因此，根本没有孤立的"自我"——我们也不会天生就比其他人或事物更伟大或更渺小。因此，一旦你能走出自己的鱼缸，感受到自己无法与"造物主"（本源/神圣的力量/神）割裂时，那种认为你在某种程度上缺少能力或不够优秀的恐惧就会消失。

迄今为止，在宏大的幻觉背景下，我们与恐惧共舞，这种幻觉就是，你我是完全独立的个体，与其他人或事物不会以任何方式发生关联。因此，我们很快就消除了我们的共同点，很少让自己体验到这种联系，这主要是因为我们从未期待有任何此类联系存在。结果，我们时常感到孤独或害怕——甚至当自己身边有其他人时，亦是如此。

作为一种社会规训的产物，我们的感官之所以感受到这种"孤立性"，仅仅是因为我们期待以这种方式看待事物。毕竟，你我都是作为独立的自我而存在（就像人们原来认为地球是方的），因此我们被训练要相信"意识"是独一无二的，是私人的，是某种源于我们个人的心灵的东西。然而，这种认为"你"是一个完全独立的自我的观念——因此也是你个人意识的源泉——只是一种幻觉，类似于地球是方的或是哥伦布的船从未真的停靠在那个港口等想法。

— 奖杯效应 —

实际上，我们是谁及我们为何物是纯粹的意识。一切都只是意识。在纯粹意识的层面，我们完全与其他所有东西存在联系。因此，我们与万事万物是一个真正的"整体"，与"创造一切的"所有人无法分割。因此，每时每刻，我们一直都是一个完整的整体。

即便如此，你极有可能无法用这种方式感知事物，除非你让自己摆脱限制去思考——或者我应该这样说，跳出鱼缸。你可能已经注意到，站在社会规训的角度说，无论是"整一性"还是"纯粹的意识"，都没有意义——因此，它们不可能在盛满孤立性和客观性的鱼缸内被你体验到（基于"我在这里/你在那里"，去感知现实）。当我们认为自己是完全区别于世界的存在时，这就是我们感知世界的方式。

因此，为了让你能体验到事物的本来面目，你将不得不离开自己的鱼缸……

那么，你是否准备好并愿意这么做呢？在我们的旅途中，你能否最终走出自己的鱼缸，并完全摆脱社会的规训呢？

一旦你做到了（由此承认，目前你大脑中的神经节点与自己的社会规训有关，而不是与"事物的本来面目"有关），你就会打开一扇通往世界的门，在那里，你有能力按照自己的喜好来创造事物。

你我都具有无尽的能力，然而一旦我们认为自己与本源（与世界上的其他人）隔离开，在面对周遭的环境时，我们就会放弃这一能力，并感到无助——但仅仅是因为，我们认为这些困境是因为我们之外的某些因素造成的。

当然，我并不指望你能在接下来的几章中理解这些区别，或是理解或精通量子力学。与之类似，你也没有必要成为一位专家或物

— 跳出鱼缸，走向世界 —

理学家，以便发现这些原理是如何被应用到**奖杯效应**中去的。

然而，如果你试图在社会规训的角度理解这些概念，那么它们很可能极大地破坏你目前现实的概念。因此，我建议你将自己"已经知晓"的东西暂时搁置在一旁，开始摆脱你的习惯——以便促使接下来的几章能与你对话，那个一直渴望了解你自己的你……

可以确定，即便你主动走出自己的鱼缸，如果你的"眼睛要适应"这些区别，也可能要花点时间。因此，想要知晓我们将要探索的"秘密"，你必须愿意在看到它之前就接受它。因为如果你不愿意在看到或理解它之前就接受它，那么你不太可能明白"整一性"。

一旦你接受某种"正确的知识"（这与信仰不同），即你与其他任何事物都不可分割，那么你会发现自己想要在万事万物中验证这一说法——由此，你将会能发现整一性。

然而，如果你不能发现整一性，很有可能因为你还没有摆脱自己身上的社会规训，它阻碍你感知到你不想发现的所有东西。当然，为了消除你的社会规训，你必须首先愿意走出自己的鱼缸。然而，你可能会想，自己在没有摆脱社会规训之前，怎样才能走出鱼缸呢？

显然，如果答案非常简单，那么每个人都会受到启发。

在任何情况下，如果你没有"解开这把密码锁"，那么请不要惊慌，因为"神的延迟并不等于神的拒绝"。继续努力坚持下去，你的愿望最终会达成，我们才刚开始从鱼缸的外部探索这些问题。也就是说，从自我的角度，你能充分意识到"你是谁"，这是纯粹的意识，并与本源密不可分。

虽然我建议你在阅读此书时，心中要想着自己最终能够"理解"这些观点，但显然你也无须为了从剩下的章节中获取最大限度的价

— 奖杯效应 —

值，从而成为一名大师。即便如此，我认为你依然要保持开放的心态，当事实呈现在你面前时，愿意去接受它。因为如果你决心要摆脱自己的鱼缸，你就能做到！而且，就算在理解剩下的几章内容后，依然不能完全"清醒"，没有做出改变或受到启发，这也没有关系，我只是想让你至少能意识到这一事实，即启蒙不仅是你与生俱来的权利——它完全取决于你自己——而且事实上，你正向着那一目标前进。

那么，一旦你接受了这种可能性，并完成了第19章的练习，你将会继续这一旅程，**奖杯效应**最终会为你所用，而不是对你产生不利影响……

同时，随着我们继续探讨我们自己内在的联系、整体性和卓越性，我恳请你在门前检查一下自己受到的社会规训——因为只有如此，你才可能体会到自己容纳了一切——此时，你才能够亲身体验到地球不是平的……

— 跳出鱼缸，走向世界 —

第十七章
"事实"

> * * * * * * * * * * * * * * * *
> "哦，上帝啊，不管我是何种人，请帮助我认识我自己吧。阿门。"
> ——马科琳娜·韦德克尔（Macrina Wiederkehr）
> * * * * * * * * * * * * * * * *

那么，你是否做到了呢？你是否检查了门口的鱼缸呢？

如果你做了这些，你最终就能体会到我在第十五章中所描述的那样，即你是完满的整体，你的卓越超出了自己最狂野的想象！

之前，你无法认识到这一点的唯一原因在于，你的社会规训阻止你这么做。记住，当生活在鱼缸里时，你只能看到你被训练去看到的东西，你从未接受过这样一种训练，即将自己看作是完满的整体。你从没有这样期待过，因此你不能有此发现。

然而，如果你摆脱了自己传统的规训，那么你就能接受自己普遍意义上的"存在性"（你的自我），这自然地消除了一切你能力不足的忧虑。而且，如果你"根本不缺少任何东西"，那又能怎样呢？你就是个完满的整体，对吧？那难道不是很棒的一件事吗？

— 奖杯效应 —

事实上，你原本就是如此。

每当面对恐惧时，你所做出的所有反应都只不过是源于自己内在的文化训练，它形成一种幻觉，即你正以某种方式脱离普遍的智力，正是普遍的智力造成了这一幻觉。它同时还源于一种迷信，即你是一个孤立的自我，与其他人完全不同。这是所有恐惧的源泉。

鉴于此，更准确地说，担心自己不够优秀的恐惧其实源于你接受了这样一种观念，即你脱离了世界上的一切，包括爱与勇气。因此，换种确切的说法，那些产生**奖杯效应**的恐惧都不是人类与生俱来的，而是鱼缸中固有的恐惧。

虽然你现在完全能够发现这一幻象的实质，并准备好消除所有恐惧或具有局限性的想法，以便达到这一目标，但是你依然能感受到自己心中萦绕着点滴的不确定，这很正常。你感到少许的"迟疑"。如果事实如此，请不要将这种感觉与恐惧混淆，因为这只不过是一种期待感，每当有人作为"完满的整体"而首次出现（例如迈出自己的鱼缸）时，这种感觉就会涌现出来。

例如，不管一位长跑运动员为自己的首次马拉松比赛训练了多久，多么努力，在比赛那天，当他们系紧自己的鞋带时，他们肯定会感受到这种"迟疑"。即便一位外科医生以多么优异的成绩从医学院毕业，当他开始为首例病人做检查时，也有可能体会到迟疑的感觉……

因此，即便你现在是一位人性方面的"专家"，即便你已经放弃了自己的耻辱奖杯房间，并认识到你与世界融为一体，你还会想了解自己如何使用这些知识，想知道它们如何影响你的生活，这是非常自然的。然而，我向你保证，最终事情会如预期的那样发展，因

—"事实"—

此我建议，仅仅去发现这种"质疑"，并忘了它吧！

你正感到一丝不确定，这没有什么值得大惊小怪的。毕竟，你即将采用一种崭新的心理学和体验世界的新方法（摆脱自己的鱼缸）来审视你的生活。因此，你可能要花点时间来习惯"无为"（而不是对恐惧做出反应），而且你要习惯于肯定并奖励自己的卓越成就（同时也要肯定并赞赏他人）。

在第十九章，你将会从"学习"转入"实践"，通过一系列有趣和有效的训练，你将能够把书中的所有内容应用到"现实生活"中去。正如我做出的承诺那样，你会学会如何重新思考，如何修改自己的优秀奖杯房间的条例和规则。这意味着用不了多久，你就会奖励给自己一火车厢的优秀奖杯了。到那时，你就不得不忍受一下经常体验到幸福的感觉了。

虽然"更频繁地体验幸福"毫无疑问是个值得追求的目标，但是这些训练的主要目的是让你有意识地（重复性地）控制自己反应性的心灵，这个过程将会让你摆脱自己的社会规训，并让你看到事物本来的样子。

只要完成这些练习，那种认为自己与其他人和事物相隔离的感觉就会消失，虽然开始你的行为可能看起来有些不自然，但是自我很快就会"出现"。最终，它就像滚雪球一样越来越大，直到你开始发现自己的鱼缸已经被摧毁成碎片，让你完全意识到自己和别人的优秀之处。实际上，这是同一个过程。

一旦到那时，你就开始意识到自己的内部力量，它让你能有意识地进行思考，这种"力量"一直存在，但在之前，它一直被你的鱼缸所遮蔽。为什么会那样呢？哦，你"学会了"那么做。由于你

— 奖杯效应 —

相信自己的感觉，因此你学会了这种力量。这一力量看起来颇具真实性，所以你相信了它。毕竟，"我们是谁"显然看起来与其他人无关，因此"你自己"恰恰存在于你身体的内部。所以，你我相信这是正确的。此时此刻，自我产生了，正是我们的冲动滋养了自我。

一旦你认为"你自己"位于自己身体的内部，你的心灵就决定，它需要保持你身体的生存，并将其视作头等大事。不幸的是，心灵维持身体生存的这一需要若是得到满足，必须要以丧失你对自我更深刻的感知为代价。因此，你从没能够更深入地了解普遍的自我（本源，神圣的能量/神），这一自我早在你作为一种物质性的化身（你的身体）出现之前，就一直存在着。在你的肉体消融为微小的能量粒子之后，普遍的自我会一直存在下去。

我们的本质是一种意愿和智慧，它源于起初让我们出现的力量，而不是我们呈现出来的样子。我们与那种意愿融为一体。实际上，万事万物都来自于这种本源，它决定了事物现在和以前的样子。此外，一切事物以前如此，目前如此，而且将永远如此。它只会改变形式——这些变化只是呈现出线性的或发展的趋势，因为你我认为，我们以自己观察到的某种固定模式生存着。然而，这是一种幻象，因为这些形式作为普遍的模式同时存在着。

换句话说，你的本真是纯粹的可能性，它源于一种普遍的意识，即永恒。如果你认同某种形式（比如身体）的死亡，你就会感觉到恐惧。然而，如果你接受这一永恒的事实（即神圣的意识），你会感觉到自由。在这种情况下，你会明白真实的自我并不会死去——你还会直观地感知到这一点，甚至无须对此进行思考……

谈及思考，那么你认为是谁在控制着你进行有意识的思考呢？

—"事实"—

另一个幻象出现了。虽然你可能认为自己大多数富有创意的想法都来自你自己，但事实是，"这些想法"在盯着你。更为准确地说，那些在你出生之前就有的东西通过你进行思考。

因此，只要你有目的地思考，有意识地做出改变，那么你就"被思考着"——这正是我目前写作时的体验，因为我清楚一点，即我所写的东西并不是我"自己"的想法，并非源于任何"个人的意识"（虽然此书确实是由我的个人意图和知识所塑造的）。所以，虽然我的手指在打字，但是我的体会却是，我像打字员一样"被使用着"，我为自己头脑中的想法工作着，但这源于我不是个孤立的个人。

> 例如，莱特兄弟并不曾发明飞机——而是"发现"了飞机——允许那些对飞行来说必不可少的想法"通过"他们去思考。

然而，从某种程度上说，若是你感到自己与某种东西是分隔开的，这种东西思考着你，让你的"自我"与你的身体合二为一，那么，你正在被那种思考你的东西控制着。此时一切都会出问题，此时，你将使用你的思想判定"你自己"，这决定了你与其他事物与众不同。这时，你决定你的起点和终点。这时，你判定你与别人与众不同，你比后者更优秀或更不如他们。换句话说，这时，你（的自我）决定，与其他所有事物相比，你更优秀还是更差劲。

你看，通过信任社会规训，并相信你自己是孤立的，你将神变成了一个门卫。你让"他"去做评判。你漠视了他，将其地位降低

— 奖杯效应 —

了。既然你就是本源，而且本源就是你自己，那么当你认为自己与本源隔离的时候，你就既贬低了你的本源，又轻视了你自己。

你拥有普遍的天赋，但却拒绝接受它，还说着这样的话："不，谢谢，我还是依靠自己称之为我的这个小东西吧。"可能你表现出了谦逊。也许你不想不劳而获，但是现在，你知道自己无须故作姿态了。你可以拥有自己应得的东西。不妨这样想，你就是所有，所有就是你。你就是本源，让神圣的力量贯穿你的身体。你是否发现，如果你让"神"与你合二为一，并尽力实现这一目标，那么你不可能做一个卑微的人。此外，作为"一个拥有本源的人"，你不可能再轻视自己的卓越成就了。

所有缺少纯粹意图的行动都会受到一种幻象的困扰，即你与本源和其他事物都是分离的。在这种情况下，你会感到孤单和恐惧，担忧自己不够优秀。毕竟，如果你处于世界之中，但却认为你的自我与周围的世界是隔离的，难道你不会自然而然地感到自己就像一粒微小的尘埃一般，被人遗忘吗？

如果你是唯一一个被整个充满纯粹可能性的世界遗弃的东西，难道你就不会感到毫无价值，并充满担忧吗？然而，当你接受了一个事实，即你与世界是一个整体，那么你就能意识到自己既不孤单，也要比其他任何人、任何东西都更重要。

当然，到那时，你还会注意到，你与世间的其他人和事物都相差无几——这是一种强大又自由的体验——你再也无须向别人证明任何事！你还需要向谁去证明呢？神已经知道你多么优秀了。

因此，我建议你不要试图去证明什么，而是"期待"自己能发现什么。以前，你无法意识到自己优秀的唯一原因，就是因为你从

——"事实"——

来不曾期望自己发现这一点。你认为"地球是方的",因此你看到的就是这样子。毕竟,这就是事物展现出来的方式,因为你身处在这一幻象之中(即你天生就不是完满、完整和优秀的)。你从未质疑过它,因此你就相信了这一说法,甚至为之辩护,继而每次都会发现相关的"证据"。

因此,我建议你完全承认自己是卓越的,是独一无二的,只有这样,你才能期待自己可以发现它们。记住,不管你是否接受,事实就是事实,事实完全不关心你是否相信它。然而,想要认识到自己有多优秀,你需要一些力量和恩惠,如此你才能够体验到事实的真相。

最后,接受优秀奖杯的过程就是表达自我重要性的过程,因为自我试图接受自己的优秀和意愿的能量。一旦你有意识地下决心给自己颁发一座优秀奖杯,你就承认你是本源,并接受这一荣誉,你就会获得荣幸、感激和爱等体验,这是你代表整个世界,有意识地产生的体验——这就是你自己。不仅如此,你的感觉简直是棒极了!

* * * * * * * * * * * * * * * * *

"本源是一种能够彰显自我的意愿表达,它渴望自己尽可能充分地被表现出来。因此,当你因为做过'好事'或是认可了他人的优秀之处而意识到自己的卓越时,你就接受了整个世界的意愿,并帮助世界兑现了诺言……"

——迈克尔·尼蒂(Michael Nitti)

* * * * * * * * * * * * * * * * *

— 奖杯效应 —

笔记：

― "事实" ―

第十八章
不再寻找

你现在已经准备好将优秀奖杯奖励给自己和他人了，然而在此之前，你还有几个"注意事项"需要了解……

首先，既然你已发现自己与世上的其他事物密不可分，难道你的优秀奖杯房间就可以跟世界分离吗？这也就意味着，那个我们一直称为你的优秀奖杯房间的屋子，实际上不是你个人的，而是你与世界共有的。

一如既往，当你第一次踏入这个房间时，你只能看到自己愿意看到的一切，即你自己的奖杯存放在自己的奖杯房间中——这解释了为什么你的眼前呈现出这种场景。然而，这只是一种幻觉，它源于你的社会规训，同时阻止你看到任何不想看到的东西。因此，当你摆脱了自己的规训时，你就开始意识到，这个房间并不像你开始想的那样，既不是"私人的"，也一点都不小。它也不局限在你"自己的"头脑中。

实际上，没有人曾到访过"自己的"优秀奖杯房间。那种认为奖杯房间属于你自己的想法仅仅是一种幻象，就在阅读前几章时，你会很快产生自己拥有优秀奖杯的想法（那是因为你依然"困在"自己的鱼缸之中）。然而，既然你知道这不是你自己的房间，那么你认为自己会把新奖杯放到哪里呢?

实际上,你会将它们存放在这个房间中。然而,既然你摆脱了自己的社会规训,你会发现,与上次自己来这里相比,现在这个房间显得拥挤了很多。这次,里面将装满奖杯,多得你都数不过来。此外,在进去放奖杯之前,你将无须经过门卫的检查,因为在你摆脱自己鱼缸的那一刻,他的职责就马上消失了!

然而,你是如何在眨眼之间改变了自己对"现实的感知",改变了自己的优秀奖杯房间呢?这是因为你采用了一种改变后的视角,这正是世界自我显现的方式。既然你已经"炒掉"了自己的门卫,世界会继续以这种方式向你显现!

你看,"你的"优秀奖杯房间一直是满满当当的。只是你无法看到所有的奖杯,因为从社会规训的角度来看,你曾经不愿意发现它们的存在——这就像土著人"不能"看到哥伦布停靠在港口的船一样。当然,之所以他们看不到船队,并不是因为他们以前没有见过类似的船(我们中的很多人首次见到某些东西,但却依然能在自己的意识中感知它们),而是因为他们没有理由相信世上有那样的船。此外,这种理由甚至在消失时都未曾被人感知到。

例如,如果你不相信自己可以获得百万美元的年薪(换句话说,这远远超出了你的现状,以至于即便有这样的机会,你也不能实现这一目标),那么你就不会敞开胸怀,发现任何能让你挣到这么多薪水的方法——即便这些机会的确会"出现在你的港口上"。实际上,这个过程如此具有说服力,以至于如果你大声朗读出下面的句子,你将真能发现该过程正在发生着:

— 不再寻找 —

* * * * * * * * * * * * * * * * * *

There is nothing quite as beautiful as Paris in the the Spring.

("没有什么能够媲美巴黎的春天")

* * * * * * * * * * * * * * * * * *

那么，你看见了几个单词"the"呢？如果你愿意承认的话，那你只是按照自己的意愿，看到了一个。然而，单词"the"实际上却出现了两次。与之类似，你没有理由期待在任何一个奖杯房间中只看到"自己的"奖杯，而这正是为什么你只在奖杯房间中见到自己的奖杯的原因！

然而，由于你已领悟到自己与世界是合为一体的，那么我们很快就会再次拜访这两个房间，这意味着你现在将能发现以前从没见过（或没能发现）的所有奖杯。只要你敞开胸怀，就能发现它们。

最终，我们所拥有的就是"能发现事物本来面目"的能力，而不是通过后天的过滤器或训练去认识事物。忘掉你受过的训练，你将会发现事实的真相。反之，你只能看到自己想要看到的东西——或是不会发现自己不想看到的东西——因为"期待"与否也是一种期待。因此在大多数情况下，你的生活会如你所想的那样发展。

鉴于此，如果你的父亲或母亲受到酗酒的困扰，那你会期待什么呢？如果你的家人或朋友物质上不太富裕或是你认为钱不是天上掉下来的，那么你可能会有什么样的期待呢？或者，如果你身处的文化还没有接受一个事实，即"你与创造整个宇宙的世界紧密联系着"（引自迪帕克·乔普拉：《权力，自由和恩典》(Power, Freedom, and Grace)），你可能会期待什么呢？

— 奖杯效应 —

显然，你应该期待自己正在期待的东西！在这种情况下，你是否能发现，为什么清除掉具有局限性的期待是如此重要呢？

幸运的是，我们确实都具有忘掉这些限制性期待的能力，因为它们不是我们与生俱来的，它们之所以存在，只是源于一种社会的和个人的规训。实际上，我们所有限制性的信仰和期待都来自自己不够优秀的恐惧，这源于一种幻象，即你我都与其他人和事是分离的，包括本源。

因此，由于你能摆脱自己的规训，并消除这种幻象，那么你将能够再次与本源建立联系，并抛弃你一切有限制性的信仰——到那时，你会发现自己有无数种方式，既可以拥有"选择的自由"，又能够产生积极的期待！

* * * * * * * * * * * * * * *

辅导：为了让你获得这种自由和能力，至关重要的是，你要参照以下顺序：首先接受自己具有限制性的期待，然后将其抛之脑后，接着你就会有选择的余地。通常情况下，我们拒绝接受自己想要忘却的一切，从一开始便注定如此，这是因为每当你抗拒某些东西的时候，它还会继续存在着。

* * * * * * * * * * * * * * *

当你明白了要接受"这种幻象"并忘却自己由于社会规训而产生的期待时，你是否发现，被我们称为"你的"优秀奖杯房间的那个屋子，只不过是唯一的优秀奖杯房间呢？实际上，如果我描述得更准确一些的话，将这个房间称为"宇宙授权奖杯房间"更为合适。

— 不再寻找 —

但是从现在起，我们将其称为独一无二的优秀奖杯房间如何？

如果这真的不是你的房间，那么这是谁的房间呢？如果它里面放着数不清的奖杯，那么这些奖杯的主人是谁呢？

很简单，这个房间和所有的奖杯不属于任何个人，而是共同属于所有人（虽然你很可能会抱怨，有些奖杯是自己放到里面去的）。无论如何，不管其中有多少奖杯是"你的"，我们所有人都曾将自己个人的奖杯存放到这个"世界性的"奖杯房间中，永远珍藏。

此外，随时欢迎你能为这些收藏献上自己的一分力量——当你不把优秀奖杯奖励给你自己或他人时，是什么原因阻止你这么做呢？实际上，是什么原因不能让人们随心所欲地奖励给自己或他人优秀奖杯呢？没错，答案就是社会规训！

至少，你正学着在鱼缸之外品味生活。但是，我们花了十八章的篇幅来探讨一个问题，即社会规训在多大程度上影响着你，那么，你还有什么理由从社会规训的角度去看待别人呢？毕竟，如果你想要鼓励身边的人摆脱他们所受的规训（为他们提供私人指导或是将此书推荐给他们），难道这不是让你赢得一座新奖杯的机会吗？只要你这么做，难道你不就又获得了一次进入优秀奖杯房间的机会吗？

当然如此。然而，你还有很多其他进入优秀奖杯房间的方法，这是因为你与这个房间之间的唯一联系就是优秀奖杯，这座奖杯不一定非得属于你自己！实际上，一旦你接受了这一观点，认同了优秀奖杯房间的观点，你会发现自己有无数种方法去体验世界上所有的善，包括能按照自己的意志去创造善的能力——这是因为每当你选择去做一件可以赢得奖杯的事情时，你就有能力创造善。

— 奖杯效应 —

让我们看看，一旦你重新训练自己的心灵关注那些可以赢得优秀奖杯的事件时，生活将会发生多大的变化吧。你不再感受到自己达不到优秀的标准，不再无意中不停地寻找自己不够优秀的证据。

记住，你就是那个门卫。因此，一旦你发现任何人（包括你自己）按照自己的意愿行动并接受了更伟大的善（而不是生存）时，你就能往这个房间中存放一座新奖杯。

当然，一旦你期待自己发现这些东西，那么你就会发现它们——尤其是当你亲眼看见自己的某些行为值得赢得奖杯，你让自己处于感动和启迪之中时。用勇气面对恐惧，用决心面对绝望，用激情面对伤心，或是用爱来面对一切——抑或是面对所有积极的意愿，从而来实现更伟大的善。每当你面对这些情况时，就是你获得奖杯之时！

此外，这也包括所有可能或偶然发生的事情，我们所做的所有好事都值得优秀奖杯的奖励。毕竟，只要我们播撒下善意的种子，就会有所收获。

鉴于所有这一切，让我们稍作停留，想想这个房间中的无数藏品，其中有一部分奖杯已经被存放在这里了。你是否发现自己能获得某些强大的"东西"呢？实际上，如果你只是想着这些东西，并期待看到它们，那么你将能与"一切的善"联系起来，所有人将这种善给予了他人。

你是否能接受这一令人震撼的事实呢？

这意味着如果你愿意发现它，那么你就会了解它。当特蕾莎修女握着生命垂危的孤儿的手，让他感受自己身上所传达出的神之爱时，当耶稣慰藉了莱珀时，当穆罕默德言及宽恕时，当佛陀与人们分享智慧时，当安妮·弗兰克又写下一页日记时，当甘地或马丁·路德·金为自由而战时，当一位医务人员拯救了一个生命时，当父亲将孩子抱上自己的膝盖时，或是当母亲为刚出生的孩子洗澡并亲吻他的前额时，我向你保证，所有这些都保存在这个房间中。此外，你还会意识到无数个人或是历史的事件也被保存在这个房间中。然而，如你现在所知的那样，这些事件都成为一个普遍的整体了。

你就是所有这些事件组成的"一个整体"，这意味着你无法与曾发生过的（甚至是即将发生的）所有的善相分割。如果有那么一刻，本源将自身看作是本源，那么这同样也发生在这个房间中——你就能与本源发生关联——这个整体将会赋予你爱和卓越。

让这一过程启迪着你吧。专注于这些事，细细品味。这是优秀奖杯房间的力量，即你知道自己会对其有所贡献，你知道你奉献出了自己的爱——即便是在此刻——当你读到此处时，你和特蕾莎修女肯定共同握着那个孤儿的手。她从未将手放开过，你也是如此。但是，如果你放手了，那就是你没有接受整体的某一部分，因为该部分将会阻止你体验到自己与特蕾莎修女是一体的。你就是她，她就是你。好好想想，然后"成为"这个整体吧。闭上你的眼睛，陪着她一起握着那个孤儿的手吧。让自己处于感动之中，然后将感动传递给别人，因为那就是你。然后，请奖励给自己一座奖杯。

你受到启发了吗？我相信你获得了启发——而且你会带着这种领悟"穿过走廊"——自从你走出自己的鱼缸后，我们将要再次拜访唯一的耻辱奖杯房间。这次，你认为我们会看到多少座奖杯呢？没错，多得数不过来！

当然，你肯定在想，我的说法是错误的，因为你以为这个房间被关闭了。实际上，我们都心知肚明，就在几章前，你已经"关闭"了这个房间。这也是为什么在我们到访该房间之后，你会将其马上关闭的原因，当然如果这是你的愿望的话。然而，我们即将发现，其实大可不必这么做……

正如你会想到的那样，当你首次进入这个奖杯房间（在你发现这是"耻辱奖杯"房间的时候，你认为这是你自己的）时，你只想看到自己放到里面的奖杯。然而，就像你已经发现的那样，这个房间中的所有耻辱奖杯是所有人证明自己不够优秀的证据。换句话说，这个房间里的证据是数千年积累而来，能证明人类自己对其生存造成了威胁。在这种情况下，可能里面奖杯的数量比我估计的"无以计数"还要多得多……

不管我们做出何种估计，毫无疑问，这个房间里有好多证据，表明我们很少尽自己最大努力与人相处。因此，这证明了人类通常更愿意因为生存而做出反应（正如整个历史清晰呈现出的那样），这能解释我们对控制、获胜、正确及证明某事有效性的需要。因此，每当我们以这种方式对某种威胁做出反应时，房间里就会多一座奖杯。这意味着奖杯的数量几乎达到了目前的 10 倍。

无论如何，这个房间里面充满了我们大多数人不想接受的东西。虽然这肯定是可以理解的，但是却与事实无关。你看，我们的"不可分割性"的本质在于，我们是绝不能与其他事物割裂的。记住，你就是一切，一切就是你——包括这个房间中的所有"耻辱内容"。我们不会挑挑拣拣，选择无法与自己"割裂"的东西，因为那是在鱼缸中与生俱来的习惯。

由于你能将自己视作"一切的一"（因此，你与这个房间中的

— 不再寻找 —

耻辱奖杯产生的原因不能割裂），你会发现自己完全可以接受这些耻辱奖杯——也能接受与它们所代表的东西有关的一切。因为耻辱奖杯只是代表自身。

因此，我们可以自由并且不带偏见或价值判断地观察这个房间中的一切，这是我们在鱼缸中无法做到的。毕竟，这个房间中充满了挫败、愤怒、郁闷和羞愧——更不用说人们能够想象到的压迫和不公了——包括所有的战争、屠杀和"所有反人类的行为"。每当某个人由于恐惧要放弃或做出被动反应时，就有人往这个房间中放入一个奖杯。

鉴于此，你是否能发现，这就是你在造访这个房间时，你真正发现的一切呢？当然，当你看待这些事情时，你可能并不像观察"自己的"奖杯一样清晰（主要是因为你并不期待去发现它们），然而，你又怎能不被所有的负能量所影响呢？我要重复的是，"事实就是事实"，不管你是否察觉到它，因此即便你只是时不时地对事实瞟上几眼，你也可能感觉到所有的一切。此外，所有这些东西依然在这个房间中，而且永远会在此地……

因此，它会帮你找到真相，虽然我们每个人都可以不再来到这儿，不用关注该房间中的收藏，但是谁也不能让房间里面的东西消失（这是因为所有的事物都是永恒的）。因此，我建议你不要理会以下需要，即将两个房间中的奖杯划分为"优秀的"或是"耻辱的"，我还建议你只将这些奖杯当作房间里的"普通陈设"即可。因为正如莎士比亚所说的那样，"优秀"和"耻辱"都来自我们自己的思考……

实际上，所有的此类"陈设"都与本源密不可分，这意味着它

— 奖杯效应 —

们就是作为本源而存在着。因此，当你完全清醒时，你会在这些陈设中体验到本源。换句话说，当你不再考虑某物是积极的还是消极的时候——一旦你只是完全接纳此物的时候——神就出现了！

　　记住，所有事物都作为纯粹的意识而存在，是永恒存在。因此，你永远也不能关闭掉"世界的"耻辱奖杯房间（因此也不能消除"世界上的任何东西"）。实际上，我们无须假装耻辱奖杯房间并不存在，因为在不否认优秀房间存在的情况下，一个人是无法否定耻辱奖杯房间的。与之不同，我们最为强大的选择在于，接受所有我们认为"消极的"东西，并对其负责。我们必须赋予它"存在性"，并接纳它。之后，我们就可以转而思考爱了……

※ ※ ※ ※ ※ ※ ※ ※ ※ ※ ※ ※ ※ ※ ※

　　"你的任务不是寻找爱，而只是在你自身中去寻找并找到所有的阻碍，是你为了抗拒爱而自己塑造了这些阻碍。"

——鲁米（Rumi）

※ ※ ※ ※ ※ ※ ※ ※ ※ ※ ※ ※ ※ ※ ※

　　你是否能感受到爱呢？如果不能，那么你可能依然残留着一些鱼缸里的"水"，因为更为常见的是，阻止我们感受到爱的唯一原因是我们不希望自己感受到它。

　　实际上，爱无所不在，所以没有必要刻意去寻求。这是你是否将自己视作本源的问题——因此，将你自己视作爱的本源，献出爱。当我们听到别人爱着我们之前，很多人就傻傻地等待着。你绝不能退缩。就在你说出口的那一刻，爱就会显现出来。然而，很多人相

— 不再寻找 —

信,在我们表达爱之前,我们必须首先"感受"到爱。这是错误的。这是自然而然的——但却必须始于一种想要这么做的意愿。这是为什么爱通常是神圣的,因为许多人都在等待着它出现,等了很久。如果所有人都在等待,那么谁先开始呢?为了庆祝爱在我心中,也在你心中,我建议你先开始行动。

爱并不是商品。它并不会出现紧缺的状态。你也不会用光它。因此,让它自由地流溢,成为你的自我的代言。因为你浑身充满了神圣的能量,你也充满了爱。因此,我们不仅能够让爱出现,我们同时允许它出现。当爱在我们身上流溢的时候,我们"创造"了爱。你必须停止对爱的抵触!那么,与其"停止抵触",不如"顺其自然"。因此,顺其自然吧!让一切都顺其自然——包括你所坚持的所有信仰,你所有的是非观,以及你所有的怨恨。

如果你这么做了,那么爱就是你的全部……

最终,放开一切——包括你不能放弃的理由。时机成熟了。生活在真相的沉静之中吧。作为一个圆满又完整的人生活吧,做你自己。毕竟,你就是圆满而完整的,不管你是否接受这一点,既然事实如此,那么你为什么不接受它呢?实际上,按照自己的意愿自由地、优雅地、感激地、充满爱地生活,这只不过是一种意愿,即愿意承认一切已经存在的事物。根本没有必要寻找什么东西。

因此,不要再寻找了!至少不要在你自己之外去寻找某些东西。如果你想要在自己之外寻找到某些东西,来使自己变得"完整",那么你就是在寻找外在的东西,那都是身外之物。实际上,就算是寻找优秀奖杯,如果你在自身之外寻找某些你曾告诉自己你不曾拥有的东西,你也将毫无收获。

— 奖杯效应 —

这是否意味着我让你"停止寻找"优秀奖杯呢？

实际上，我正有此意。但有个前提，即你无须寻找优秀奖杯，就能察觉到它们的存在。

你看，一旦你每时每刻都体会到自己与他人和世界是一个完整而圆满的整体时，当你能无须去寻找但却认识到"已经拥有"优秀奖杯时，你就无须"寻找"优秀奖杯了。实际上，一旦你以这种方式感知自身，继而相信自己的体验，那么你不需要任何证据，证明你与整个世界合为一体。

优秀奖杯房间已经满了，它一直都是满的。实际上，你已经与这个房间中的所有优秀奖杯合为"一体"了。

因此，我建议你选择承认你就是爱，同时也肯定你已具有的能力、自由及和谐。鉴于此，你不怎么需要寻找优秀奖杯，因为你明白了它们"已经存在着"。换句话说，你只是在"肯定"它们，而不是在寻找它们。因此，当你有意识地主动颁发或接受一座新奖杯时，人们就会接受它，并为此而充满感激——与其说像一种崭新的发现，倒不如说更像拜访某位老朋友——你愿意尽可能频繁地与这位老朋友见面，因为它"使你变得圆满"，并让你充满活力。

由于用这种方式肯定了你的自我，你现在只需改变自己对在这个世界上生活的感知，从"质疑"到理解。"理解"意味着你要掌控自己的心理和命运，因为**奖杯效应**现在为你所用。就像一位老朋友。

然而，在你发现自己更频繁地再次看到所有的优秀奖杯之前，有一种能够重新调整自己行为的有效方式，即尽自己最大的努力，主动地、故意地、频繁地将优秀奖杯奖励给你自己和别人。

— 不再寻找 —

为了达成这一目标，我设计了下一章中的练习，不仅可以教会你如何去做，而且还能让你不会偏离轨道。那么，一旦你形成习惯，不断地用优秀奖杯来肯定自己生活中所有积极的事情，那么你最终将能够"扔掉拐杖"。到那时，你将一路平坦。

另一方面，在做这些练习的过程中，一旦你发现自己体验到许多乐趣，并颇具成就感，那么你可能就会决定扔掉拐杖，永远也不需要它……

* * * * * * * * * * * * * * *

"夫唯不争，故天下莫能与之争。"

——老子（Lao Tzu）

* * * * * * * * * * * * * * *

辅导：请牢记，练习的目的不仅是让你体验到足够的自我价值和你与其他人之间的紧密联系，而且是为了克服内心的恐惧，这些恐惧让你无法享受应该享受到的生活。为了达到这一目标，我鼓励你主动摆脱那些你与他人之间通常存在的阻碍。为了保证你能成功，我建议你"放慢脚步"，尽可能地多取得一些小成就，之后让自己每天都发生相应的改变。通过这一过程，在做后面的练习三时，你应该就会发现自己消除了"卑微感"。因此，虽然你可能"起步不高"，但是不要甘愿默默无闻。通过遵守自己的诺言，并认可他人的话，去全身心地投入。放松自己，并且开始享受这一过程吧！

— 奖杯效应 —

****

"亲口尝过，才知其酸甜。"

——苏菲格言

****

第十九章
练习：忘掉以前所学，扩展未来

* * * * * * * * * * * * * * *
"你与世间人一样，都需要来自你自己的爱与喜。"
——佛陀
* * * * * * * * * * * * * * *

我发现你依然在这儿，那么你显然"熬过了"上一章。此时此刻，祝贺你！但这次，你是否发现，是你的自我使你坚持下来的，而不是你的心灵呢？因此，请奖励给你的自我一座奖杯。

如果你感觉自己至少开始理解了前面三章中的内容，请再奖励给自己一座奖杯，一座大奖杯。

即便你依然尝试要理解所有的内容，我对你的意图和坚持表示赞赏——为此，请奖励给自己一座奖杯。毕竟，鉴于你曾接受了社会规训去看待事物，而不是发现事物本来的样子，所以如果你发现自己徘徊在"发现"和"没有发现"之间，或是徘徊在"理解"与"不理解"之间，那这是最正常不过的了，这种情况至少会持续到你永远理解它为止！

坦白讲，回想自己首次发现事物的真正本质，我清楚地记得，

— 奖杯效应 —

在相当长的一段时间里,我与自己受到的社会规训之间的冲突骤然加剧。虽然我马上就意识到自己老师的观点是正确的,但是我清楚地记得,放弃自己的鱼缸并非一件易事。

幸运的是,我最终完成了训练,通过一系列类似的练习,我摆脱了自己的恐惧,最后"永远地掌握了这一要领"——在这种情况下,我自然而然地摆脱了自己的鱼缸。鉴于此,对于如何理解这些练习而言,我为你提供一个小窍门:彻底放松!!!

最终,如果你让自己从**奖杯效应**中学到的东西启发你自己,然后用心做练习,那么我向你保证,你会体验到重大的转变,在短短几周的时间里,你会改变对自己和他人的感觉——与你在未曾阅读此书和做这些练习前的感受形成鲜明的对比。实际上,只要坚持下来,那么你的行动肯定会发生突破。然而,如果你能真正地彻底放松,那么你的收获会远远不止于此。

好了,你准备好开始接纳以下观点,即取得成效的最好方法就是做练习吗?

我再次强调,这些练习的主要目的并不是获得幸福。但是,如果练习能让你幸福,那不是更好吗?我希望如此。你有权获得幸福。

简单地说,这些练习的主要目的在于,重新调节你的心灵,使其"关注"能证明你的重要性的证据,而不是注意那些你不够优秀的证据——同时能自然地在你大脑中建立新的神经通道,直接通往优秀奖杯房间。因此,最终目的是"解除"你的社会规训,用能发现事物本来面目的能力取而代之。

为了实现这一目标,我鼓励你尽可能全身心地投入到下面的每个练习中(同时,如果你想获得有关高级练习方面的内容,请登录

— 练习:忘掉以前,扩展未来 —

www.thetrophyeffect.com），我设计这些练习的目的，是为了促使你的心理发生改变，即"从无意识到有意识"，"从被动做出反应到主动做出选择"。换句话说，这些练习旨在让你能按照自己的意愿进行思考和行动！

你很快就会发现，参与这些练习将会让你接受这种意愿，因此让你通达"生活"的自然状态——在这种状态中，你将能体验到自己与本源是一体的。就这点而言，你将发现自己能在所有事物中"看到"神圣的力量（本源/神）……

你我才是我们自己生活的创造者。然而，大多数人不能用这种方式感知我们自身，所以只能退而求其次，希望一切能够顺利就好。但是，当一个人愿意带有某种目标主动地生活，那么那种希望完全没有必要。此外，一旦你不再"等着获得某些外在于你的东西去救赎"自己，你就再没有必要质疑生活是否会变好。因此，我建议你接受那种你就是创造者的观点，因为正是从这个角度来说，你才会开始意识到自己无须拯救！

* * * * * * * * * * * * * * * * *

"天助自助者。"

——柯特·格里什（Curt Gerrish）

* * * * * * * * * * * * * * * * *

那么，这就是练习的开始——因为练习会帮助你采取行动，让你成为自己生活的创造者。即便你不能马上就理解或"感觉"到这一点，只要你（通过做练习）表现出自己就是创造者的样子，你的大脑就会开始产生新的神经通道，而且你的心灵最终会接受你正在做的事情。因此，只是通过将这些练习内容应用到你的日常生活中，你的局限性想法就会很快被以下想法所取代，即"领悟到"你才是自己的体验的作者。

当然，这就像生活中的其他事物那样，你付出得越多，从中收获得越多。因此我建议你尽可能地遵照指导，并享受其中的乐趣！

* * * * * * * * * * * * * * * *
"我们先培养习惯，之后习惯再塑造我们。"
——约翰·德莱登（John Dryden）
* * * * * * * * * * * * * * * *

注意：你应该按照顺序做以下的四个练习，但是，你可以在做完第一个练习之前，就开始做第二个练习，同样，也可以在做完第二个练习之前，就做第三个练习。但是，在完成前三个练习之前，请不要做第四个练习。

练习1：回想过往，寻找奖励给自己优秀奖杯的机会。

你需要准备：一个日记本，为其命名为"优秀奖杯房间"（你也可以登录 www.thetrophyeffect.com 免费下载记录册模版）。

该练习的目的是让你找出生活中许多带有正能量的体验，以前你不曾凭借这些体验通过门卫，从而进入到优秀奖杯房间。因此，之前你没有用奖杯来肯定这些体验，现在你就需要找出过去生活中的相关经历，并奖励给自己优秀奖杯（通过在你的大脑中创建新的

— 练习：忘掉以前，扩展未来 —

神经通道，你会开始重新调整自己的行为）。

然而，首先你要注意以下要点：

1) 放弃这些想法，即你可能拥有那些"特别又稀少"的优秀奖杯，或是你可能不得不赞扬自己（或别人）。
2) 大胆改变自己的"评价标准"，接受一个事实，即你已经是个重要又优秀的人了，因此完全能将优秀奖杯奖励给自己或他人。

如你所知，你原来的评价体系是在鱼缸中发明出来的，因此，请放弃旧的评价标准吧！

首先，请你花45分钟的时间完成该练习中的"反思和记录"环节，（如果需要）可以延长这一时间，尽可能地记录下来。在接下来的几天中，你要边回想边记录新内容。此外，你无须按照时间顺序做记录。如果你的回忆中闪现出自己7岁时发生的特殊事件，这一经历让你想起了自己27岁时发生的类似事情，那你只需在记起来的那一刻将其记录下来即可。

我再次强调，之所以你要重新回忆这些事件，是为了肯定你具有"好的意愿"，并认可你的价值，而之前你从未这么做过……

在我五岁生日的时候，父母为我举办了一个生日会——然而，这段记忆在我的耻辱奖杯房间中存放了25年，它表明我不够优秀。在生日会上，母亲故意从我手中拿走一件玩具，送给了和我打闹的一个朋友——那时（虽然我当时确实没有意识到），我给自己颁发了一座大号的耻辱奖杯。我感到自己不受重视，遭到了背叛，并开始

— 奖杯效应 —

大哭起来——因此，我也感到非常尴尬。在那一刻，我马上就被送入了耻辱奖杯房间。在那个房间，我回忆起对自己生活产生重大影响的几个判断：我不够优秀，我的母亲也不够好，朋友们不值得信任，生日聚会也没有想象中那么好等等。实际上，在大多数情况下，我拒绝让任何人为我举办庆祝活动，或是过于重视我的生日——然而，我认为这是因为我以前一直想做个谦逊的人。

自从我摆脱自己的鱼缸，并释放了自我之后，我便能从一个改变后的角度重新评价这件事——就这点而言，我把以前赢得的几座耻辱奖杯替换成了优秀奖杯。我意识到，我对自己的玩具拥有过度的独占欲，我的母亲只是想要教会我一个宝贵的道理，让我学会分享。这件事就这么简单。因此，我也扔掉了自己颁发给她的耻辱奖杯，不再认为她刻薄又冷漠（你从未对自己的母亲或父亲做出过类似的判断，是吧？），并奖励给她一座优秀奖杯。最为重要的是，我意识到自己是重要的，是值得享受生日会的，我还想起许多好朋友曾送给我不少精美的礼物。我还发现我只是个普通人。为此，我奖励给自己六座优秀奖杯。

实际上，我们中的大多数都有过类似的经历，因此如果你能找到一个，并"将其反转"，请不要犹豫。然而，这个练习的主要目的是找到一些特殊时刻，即"好事"出现的时刻（包括你为他人做的好事，或是别人给予你的善意）。然而，你的社会规训和担心自己不够优秀的恐惧感会阻止你获得这些可以赢得奖杯的体验。

我再次强调，我的目的是通过让你重新评价某些事件，来教会你如何消除你自己的"默认训练"，当这些事情发生时，你当时没能对其做出正面评价。我向你保证，在你过去的经历中，肯定有许多

— 练习：忘掉以前，扩展未来 —

你不曾珍惜的重要事件，这只是因为你通过后天训练的过滤器来感知它们。该练习不仅会使你肯定自己的过去，而且还能让你从一个更宽容的角度来感知你的未来。

记住：你我完全能够同时体验到自己的优秀和谦逊，因此请主动地消除所有的抵触心理，完成这个练习。

假设你是一位母亲，虽然你可能认为自己还能做得"更好"，但是你处理了多少次小伤口，慰藉过多少次受伤的心，做过多少顿美味的饭菜或是为孩子朗读过多少次睡前故事呢？假设你不是一位母亲，你是否曾站在姑姑或姐姐的角度做过这些事情呢？假设你是一位父亲（或是由于某种原因扮演过类似的角色），虽然你可能也认为自己能付出得更多，但是毫无疑问，你已经和孩子或是为孩子做过许多好事——因此，请你一定要将自己应得的奖杯奖励给自己。

说起父母，请你回想你的母亲或父亲曾为你做过的所有事——即便你认为他们两人或其中一个还存在不足——并将这些经历记录在你的日志上。此外，如果你愿意"消除"自己曾奖励给他们的任何耻辱奖杯，那么现在正是奖励给你自己一座优秀奖杯的好时机。

同样，你是否曾为某人举办过庆祝活动呢？你是否给某人寄过问候的卡片呢？你是否为某人赠送了礼物呢？好好想想，你曾多少次主动拿起吃饭的菜单，为某人买了一杯咖啡，或是为朋友买了一个冰激凌呢？将所有这些事情写下来，在这些回忆中好好享受吧！

—— 奖杯效应 ——

回想一下你将某种东西馈赠给某人的时刻吧，想想那些你给别人带来欢乐的时刻。不管多么微不足道。之后，再回想一下别人为你做这些事的时刻，也将优秀奖杯奖励给他们吧。（提示：为了完成这一练习，请将老照片、剪贴簿或是年鉴时常放在手边。）

你能演奏某种乐器吗？你是否特别擅长运动呢？你是否曾被评为优秀学生（或是虽然有某些不足，但依然取得了类似的成就）呢？继续想想，你是否曾经打扫过自己的房子？是的，将家里清扫得很干净也应该赢得一座奖杯！不要让你原来的鱼缸枷锁将此类事变成一种困扰。实际上，虽然你必须一定要想起这些"小事"，但是你可以从"了不起的大事"开始，然后再任由思绪涌出。在这种情况下，如果你曾支付过某人的手术或是婚礼的费用，请一定要将其记录在你的列表上。说起让思绪涌出，我们很多愉悦的记忆都与性和亲密的行为有关——所以，不要忘了肯定任何值得记住的性体验。即便这一话题有时会引发你的痛苦，但是请不要剥夺自己享受这些时刻的权利，在此情况下，你充满爱怜地与另外一个人分享着自己。

接着，记录别人曾经为你做过的所有事情，同时包括你看到的别人为他人做过的一切（这能轻而易举地令你的列表内容增长两倍）。标准是，此事是否由于某种善意在你意识到的范围内发生——之前你没有因此而颁发优秀奖杯——现在是时候这么做了，请将其记在你的日志中吧！

最后，继续这一练习，一直持续到你列出至少 200 条内容才行。如果你记录的条目多于这个数字，也请你不要不好意思。在以前的客户中，有人连续写了好几天，一直持续到将日志写满为止——因此，他们的生活发生了神奇的改变。那么，你为什么要停止呢？之

— 练习：忘掉以前，扩展未来 —

所以你会停下来，可能是因为如果你不停下这一过程，就没什么事情可写了。我估计你会在某个时刻认识到自己是重要的，并开始意识到你能自由地去感知和期待，这种自由远远超出了你原来的想象。

为了达到这一目标，请你在接下来的两周时间中，尽可能多地复习自己的日志内容，让这种更真实、更幸福的回忆赋予你力量——并记录下你从这个练习中获得的所有额外的领悟。

* * * * * * * * * * * * * * * *
"我曾有过多么绚丽的过去啊！我只希望自己能更早发现这一点。"

——克莱特（Colette）

* * * * * * * * * * * * * * * *

练习2：有意识地产生并肯定善意，并为每件充满正能量的事情颁发一座优秀奖杯。

你需要准备：a) 与练习1中一样的日志，但这是一个持续的过程，所以要留下许多空白页，或是 b) 一个小便笺本，以防你不愿意随身带着日志，如此一来，你也能随时做记录。

该练习的目的是训练你的自我，使它关注一切带有善意的表现，并在面对缺乏善意的恐惧和倾向时，能确定你（或他人）按照自己的意愿行动。如你所知，害怕自己不够优秀的恐惧是内在的，因此面对这种恐惧的最有效方式，就是不断地承认我们都很卓越这一事实（每当你这么做时，你的大脑中会产生另一个积极的神经联系）。

— 奖杯效应 —

一旦你完全认识到一个事实，即我们全都是"圆满又完整的，不欠缺任何东西"，那么你再不会产生害怕自己不够优秀的担忧了。

因此，我建议你让自己完全投入到该练习中，直到你发现自己在持续不断地寻找能证明自我价值的证据，而不是相反的证据。到那时，这个练习会帮你继续收集证据（例如，赢得奖杯），直到你用这一崭新的现实取代了以前的现实，让事实永远取代了恐惧。

* * * * * * * * * * * * * * *

"若与当前的现实抗争，你无法改变什么。想要做出改变，不妨塑造一种新模式，用它取代老方法。"

——柏克明斯特·富勒（Buckminster Fuller）

* * * * * * * * * * * * * * *

为了实现这一目标，关键是你要密切关注那些可以赢得奖杯的小事，然后将其记录在你的日志中。就像第一个练习一样，这需要你消除以下所有观念，即优秀奖杯是"特别又稀少的"，以及你可能不得不去赞美自己（或别人）。

我再次强调，一旦你开始寻找"美好的东西"，你就会找到。让自己处于感动之中，并且从你开始体会到的每个带有积极意愿的行动中受到启发。寻找勇气、决心、感情、怜悯、鼓励、卓越、贡献或爱——或其他任何证据，这些能够证明世界作为一种本源的表现而展开。只要你目睹此类事情，那就是颁发奖杯的时机！

不久前，我在一家杂货店等着结账，此时，我注意到在收银台后面排队的两位女性。两人都拉着自己的孩子，并正试图一边将购买的商品放到传送带上,一边看着孩子。我能看得出,后面那位女士发现了前面的女士有些引人发笑的地方——我发现后面的女士想开口说话,但之后却犹豫了片刻,这种情况反复了好几次,最终她抱歉地说出自己想要说的话。显而易见,不管她说了什么,前面那位女士做出了善意的回应,后者大笑起来,和善地回答了前者,那时,二人之间存在一种短暂的和谐关系——一种联系——过了几秒钟,她们热络地聊起来。最后,先结完账的那位女士站在门外,等着"新朋友"走出来。我继续观察,发现她们说笑着走到停车场,分手时脸上带着愉快的笑容。

如果我没能发现这次短暂的沟通,那么我就不会注意到此事。但即便如此,我又有什么损失呢?这真的有那么意义重大吗?

我看到的只是事实。我看到一个人被另一个人打动了——后者被自己不够优秀的担忧所困扰着,但最终却开口说话了。我看到了自我与心灵之间的一次博弈,最终自我获得了胜利。从这个角度说,前面的女士表现出一种意图,从而赋予了后面那位女士力量,她产生了共鸣。之后,我还看到前面那个人让自己处于感动之中,以此来做出回应,而不仅仅是用一句"谢谢"就打发了后面的人,然后急忙回到车里。我发现她本来打算这么做,但又考虑了一下,并决定等待。因此,在第二次有意识的行动中,心灵与自我依然处于博弈之中,而且自我获得了胜利。之后,我看着这两位重要又充满能量的女性一路笑着走到停车场,与此同时,她们的孩子也很快成了朋友——更多的是因为两位母亲之间充满活力的喜悦,它给予了孩子们力量。

无论如何,因为我让自己从这次互动中获得了力量,所以我们

— 奖杯效应 —

三个人都赢得了奖杯——与我到达商店时相比，我怀着更大的鼓舞走向停车场——这促使我去了海滩，与大自然相处了一段时光。这都是因为一个陌生人战胜了自己的恐惧，说出了一些轻易不敢说出来的话。她可能会输掉那场拉锯战，我也很可能直接回家，不颁发给任何人奖杯。

为了让你能反复做这个练习，请记住这件小事带给我们的启示：它发生在公共场合，它涉及了一些我不认识的人，它与我毫不相干。而且最容易被忽视的是，我没有刻意寻找它。

虽然我从杂货店中发现的东西相当微妙，但是在走出杂货店时，我停下来买了一盒女童子军饼干（同时也赞扬了卖饼干的小女孩的推销技巧），之后我还帮一位女士把大箱瓶装水从购物车搬到她的车厢中。不错！又赢得了两座奖杯。轻而易举，是吧？

没错，一旦你正在寻找此类事件，赢得奖杯确实易如反掌，但是请搞清楚，这个练习并不是为了让你"做好事"（尽管做好事也不会有什么坏处）。我们的目的是要获得能量，并接受自己的意图（本源）。

需要注意的是，我无须刻意去做这些事情，因为在我的日常生活中，这些情景自己就会显现出来，并成为现实。然而，如果我没有训练自己，不去仔细留心那些可以赢得奖杯的情况，那么我会从中发现什么呢？

我可能看到两位母亲无法阻止淘气的孩子打扰其他顾客，或者我也可能对挡着出口的饼干摊位感到气恼，让我不好意思不去买饼干，或者我可能看到一位女士，她由于过于逆来顺受，不敢开口叫店员帮她把东西搬到车上。但是我没有看到这些。我看了自己之所

— 练习：忘掉以前，扩展未来 —

见，你也能见你之所见……

由于你继续每天记录数十件可以赢得奖杯的事情，请记住将所有此类事件都写在你的日志中——这个本子将会成为你"暂时的"奖杯房间，直到你调整好自己的心灵，让它能主动地捕捉和记住这些事件。就此而言，同样的过程如同它在优秀奖杯房间中显现出来的那样，将会在日志中出现，这是因为每当你往本子上添加一个事件时，你马上会发现，所有的好事已经在本子中了。实际上，我建议你尽可能地在此过程中享受乐趣——也许可以使用一个带有精美封面的日志本，使用彩色笔，或是在每一页上随意书写——就像你为一本年鉴签名一样。你来决定，不妨让它成为一种乐趣。

虽然享受乐趣是件好事，但是你的首要任务一定是在"可以赢得奖杯的瞬间"出现时，将它们记录下来。因此，虽然你确实可以使用自己的掌上电脑或是日程管理软件，但是也许对你最有帮助的还是简单的便笺本。而且，即便你只是在"便利贴"上写些什么东西，你也必须记住，将每天记录的内容誊写到自己的日志上，这个过程会为你提供其他额外的机会来回味这些事件。无论如何，你必须"锚定"自己所有的优秀奖杯，其方式就是将它们记录下来。

同样重要的是，你修改后的"规则和指南"才是成功的重中之重。关键是你要尽可能容易地将优秀奖杯奖励给自己。换句话说，别那么严肃，放松些！这是你自己的生活。你开始创立规则。如果你选择由于收拾床铺而肯定自己，对这一天来说，那将会是一个多么不错的开始啊！

实际上，不管你如何开始自己的生活，只要你能践行自己的诺

— 奖杯效应 —

言,那就值得赢得一座奖杯!你出门工作去了吗?你是否曾为别人包括你自己准备过一顿美味的早餐呢?在出门前,你与哪些家人分享了爱呢?不管你做了什么,在每天早晨的例行活动中,在某些地方肯定有几座奖杯"等着被你发现"。

你是开车上班吗?如果是这样,你是否愿意让另一位司机插队开到你前面去呢?通常你都是加快速度,阻止此类情况发生。或者,也许别人会让你先走。不管是哪种情况,都可以颁发奖杯!

如你所见,在到达上班地点之前,你能轻而易举地收集十几个奖杯(然而,请不要边开车边做记录)。实际上,你可能每天都会停下来几次,回想截止到那时发生过的事情,以便记录下所有你不曾留意的东西,包括"看起来是"偶然发生但可以赢得奖杯的事。

让你发现的一切有意识的行为感动你,启发你,不管是你为他人做过什么,或是别人为你做过什么——或是某个人为别人做过某件事(包括像我在杂货店的经历一样微妙的事情)。不管一件事可能看起来有多么琐碎,如果它是出于一种积极的意图,请你采用修改后的规则,颁发一座奖杯,将其保存起来。

有关"积极意愿"的其他例子:

为陌生人留着门;

等排队检查时,让别人站到你前面;

在一次娱乐活动上,称赞演员的出色表演;

寄送或收到一张感谢卡片或感谢邮件;

—— 练习:忘掉以前,扩展未来 ——

大方地给小费；

帮邻居拿走垃圾；

展示给某人一个主动又充满爱的微笑；

……

如你所想，如果你真正地全身心投入，你每天会引发或遇到几十件可以赢得奖杯的事情，这意味着你有可能会经常停下来，将其记到你的日志本中。然而，如果你是"A型"性格或者不愿做记录，那么你会发现自己会不太情愿做这个练习。如果是这样，你是否发现，消除你的这一抵触心理，以便记录下相关的事件，这恰恰值得赢得一座奖杯呢？毕竟，难道"这一消除行为"不正反映了你的主观意图吗？

因此，不管你是不是"A型"个性，请花点时间记录自己的奖杯，主动地实现这种突破。与此同时，每当你这么做的时候，都要给自己额外的"赞扬"，这还会在你的大脑中产生一个新的神经联系！

无论如何，不管你是选择使用日记本、便笺本还是掌上电脑（或只是将你的奖杯潦草地写在一张废纸上），请每晚都要将你当天的收获尽可能多地记录在优秀奖杯房间日志上。

一旦你掌握了这一过程，我建议你至少再多练习两周——或是直到你确定自己完全做好了训练，能够以这种方式"感知自己的世界"为止。为了实现这一目标，请至少每天翻看一次你的日志，从你日益增长的意识和价值感中获得力量。

— 奖杯效应 —

****

"增强自尊是很容易的事。只要多做好事，并记住做好事的人是你即可。"

——约翰·罗杰（John Roger）

****

练习3：有意识地产生一种意愿，即尽可能频繁地表现自己成就的意愿，与此同时，奖励给自己优秀奖杯。

你需要准备：与练习2相同的东西。

该练习旨在展现出你随心所欲地表达自己意愿的能力，以此向你自己证明，你完全有能力掌控自己的注意力和行动。这需要你感到自己完全能掌控你的生活（并因此认为你就是自己生活的创造者），每当你选择按照自己的意图行动时，这一能力就会表现出来。

我们有幸拥有选择的权力和展示自己命运的能力，然而在面对我们的社会规训和恐惧时，大多数人依然无能为力。因此，我们的生活时常充满了插曲和变故，让我们无法体验到自己与本源合为一体，因此阻碍了意愿和爱的自然流露。这个练习将使你突破这些问题，让你感受到神圣能量的自然流淌。

在练习2中，你的任务是肯定那些在日常生活中遇到的可以赢得奖杯的事件，无须费什么力气。而在这个练习中，标准提高了——这意味着你很快就会拥有一个机会，让你跳出鱼缸去探险，从而为自己赢得一些特别的奖杯。因此，我建议你竭尽全力，从而发现这么做的另一个结果。

— 练习：忘掉以前，扩展未来 —

* * * * * * * * * * * * * * *

"你想要的所有东西都在你的温室之外。"

——罗伯特·艾伦（Robert Allen）

* * * * * * * * * * * * * * *

在前一个练习中，那个"无须费力"的例子可能就是帮别人把杂货放到车里，而他们的车可能刚好就挨着你的车。在这种情况下，虽然你的行为完全可以获得奖杯，但这个机会多多少少都是主动掉到你头上的。在练习3中，我们会关注一个"跳出鱼缸"的例子，其中，有个人在停车场的另一端同样也需要帮助（这肯定会需要你竭尽全力），而且，在你开心地给予他帮助之后，你还要帮他把购物车推回商店。

你的任务是密切关注以下情况，即需要你打破常规的情形。在这些情况下，你的心灵对着你喃喃耳语，说你管的闲事太多了，或是你就要出洋相了，然后劝你中途放弃。与之相反，此时你恰恰就要领悟到自己是正确的，因为这个练习的目的是要发现一点，即当你做一些打破常规的事情，并有意识地控制自己的心灵时，到底会出现什么状况。

我还要强调，这个练习的目的并不是为了让你做"好事"——而恰恰是如果你只是帮助某人搬了东西，然后就转身走开，那么你将会怎么做。在此情况下，你可能应该获得一个荣誉勋章，而不是一座奖杯。

记住，这次我们提高了标准。在这个练习中，我们赢得优秀奖杯的唯一方法就是与别人发生联系。我再次强调，这与"好人好事标签"无关——凭借那个标签你浑水摸鱼，得到一座奖杯，然后转身离去。与之不同，你必须创立并完成一个"联系圈"——在此情况下，两个人能感受到一种差异，同时还能肯定二人是一体的。例如，当给予他人赞美之词或是对他人施以援手时，你必须引发一种回应，确定自己的行为受到肯定（即使只是一个微笑），然后再给予肯定的回复。一旦你获得这种体验，你会为自己赢得一座奖杯。

举一个相当极端但却完美的例子。有一次，当我的一个长期客户准备离开公共卫生间时，他遇到一位上年纪的男人扶着助步车进来。起初，他只是帮老人开门，但之后他意识到，这位老人需要其他帮助，因为老人明显地颤抖着，似乎无法顺利进来。为了帮助他，我的客户扶着助步车，握着老人的臂肘为其领路，带着他慢慢地走向便池。

此时，这位客户的心灵正在向他喃喃耳语，只要扶着门就足够了，然后就可以放心走开——但是，他却向老人问道："你需要帮忙吗？"老人说："需要。"此时此刻，这位客户的心灵不再耳语了，而是劝说他不要再问这种蠢问题，直接离开。然而，我的客户拒绝听任自己心灵的声音，继续询问了心灵认为错误的问题。老人回答说："我拉不下裤子拉链。"

当时，这位客户的心灵真正地在大声责备着他，希望他能保持颜面，并马上离开——然而，我的客户消除了自己的"不适"，并开始帮助老人拉拉链。

然而，不管出于什么原因——也许是因为他已经非常紧张了——老人突然剧烈地颤抖起来，说自己无法脱掉裤子小便。那么你认为谁会协助他"脱掉"裤子呢？

— 练习：忘掉以前，扩展未来 —

那天的事是这样发展的：我的客户走进卫生间时，他表现出老样子，而在走出卫生间时，他却焕然一新。他被改变了。虽然他不知道这是怎么发生的，但他却知道，有一个短暂而美丽的瞬间，他的心灵真正地安静下来，它沉默了。最后，他无须抗拒自己的心灵，因为当自我出现时，心灵就会自动消失。而且当自我显现时，勇气、共鸣、怜悯和爱也随之出现。

那么，这是否意味着为了要全力以赴，你就不得不在公共卫生间徘徊呢？当然不是。然而你必须愿意接受这种场景，你要准备好不断地告诉自己的心灵，让它闭嘴——一直到它沉默下来为止。

无论如何，继续让自己坚持下去，依然关注那些让你发生改变的情景——然后说话做事时带着这样一种意图，即让别人比见到你之前更富有力量。再次强调，这个练习并非旨在让你陷入一种情境或是做一件好事，从而混个奖杯拿。该练习旨在让你超越那扇你为自己或他人设置的屏障。

即便如此，整个颁发奖杯的过程并不是为了"让你过得好一些"。你已经变得更幸福了。重要的是做个主动的人，体验你与周遭世界的联系，并让他人获得同样的感受。因此，由于你已经竭尽全力了，请带着一种想要获得突破的意图全力以赴，而不是试图向世界证明你能够全力以赴。你已经做到这一点了。当然，消除恐惧的另外一个结果是，与这么多年的生活相比，你将完全有可能感觉更好，能力更强。实际上，你将很有可能感到像以前一样幸福——然而这只是一个令人愉悦的副作用，而不是这个练习的目的……

因此，即便这个练习令你感到快乐，我依然建议你继续关注以下情境，在这些情况下，你将需要走出自己的安全区，例如：

1) 快乐地超额完成自己的工作
2) 提高你的价值,大幅度超出别人的期待
3) 帮某人做某些事,省去他们的麻烦
4) 将你的倾听和共鸣作为礼物馈赠给他人
5) 消除"足够优秀"的想法,从而表现得更出色
6) 坦诚又充满鼓舞地感谢他人
7) 通过消除过去造成的"不完美"或误解,改善与他人的关系

实际上,在接下来的几周中,你为什么不主动做完以上所有的事呢,而且要做得更多?

像我们在练习2中所做的一样,在这些事件发生时,请用日志或你选择的任何其他方式记录下这些事件,然后每天晚上都要将这些记录抄写在你的优秀奖杯房间日志上。此外,请记录下你由于做练习而可能获得的一切感悟。

最后,我建议你将此过程至少持续两周——或是直到你认为自己真正地体验到了一种突破,或是达到了类似的目标。到那时,请尽可能地翻阅你的日志,使你日益强烈地感受到自我,并体会到你与他人的联系,从而在这一过程中获得力量。

* * * * * * * * * * * * * * *

"只要有意识地做出选择,你就能逐渐改进自己的行为。"

——迪帕克·乔普拉(Deepak Chopra)

* * * * * * * * * * * * * * *

— 练习:忘掉以前,扩展未来 —

练习4：感恩（钟爱"为何如此？"）和宽恕（变成"那又怎样？"）

你需要准备好：你的优秀奖杯房间日志和一只荧光笔。

这个练习是为了让你在优秀奖杯房间中尽可能多待一些时间，既要提升你的感恩之心，又要培养你主动宽恕和放手的能力。

如你所知，迄今为止，你能进入优秀奖杯房间的唯一方法，就是找到一个可以赢得奖杯的事件，然后将获得的奖杯拿给门卫，如此才能争取到进入此房间的入场券。然而，既然你最近刚刚发现这个门卫就是你自己（以前亦是如此），你是否知晓，你具备（并一直具备）随心所欲进入该房间的能力呢？实际上，你是否开始"明白"，之前你认为自己不能或不应该做一些事，现在却能处理这些事了呢？

毕竟，谁是你生活的主人呢？如果你选择从不进入耻辱奖杯房间，谁还能强迫你呢？如果你选择因为洗了自己的汽车或处理了所有的电子邮件而奖励自己优秀奖杯，谁又能反对呢？此外，如果你选择不拿奖杯，大摇大摆地从门卫（也就是你自己）前走过，进入到优秀奖杯房间中，谁又会阻拦你呢？实际上，除了你，谁又能影响你将要做出的所有决定呢？你说得没错。没人能做到这些，这全部取决于你自己。

在这种情况下，是什么阻止你按照自己的想法待在优秀奖杯房间中呢？没错。什么都不能阻止你。

因此，让我们在这个房间里享受一段美好的时光吧，体会**感恩**：

首先，自己独处一段时间，至少为这个练习安排 45 分钟。开始，请先复习前三个练习的所有内容，标记出你认为值得感恩的地方。

然后，想象自己通过"门卫"，进入到优秀奖杯房间，现在里面放满了你从日志上看到的东西。

接着，开始回想你从所有练习中获得的几座新奖杯——然后开始敞开胸怀，以便能完全发现尽可能多的奖杯。实际上，在整个过程中，闭着眼睛，待上一段时间，这样能够更好地回想这些奖杯。

现在，让自己开始关注那些能引发你强烈的感激之情的奖杯。它们代表了你给予别人或者从他人那里获得的礼物——或是当你沉浸在别人的爱或感谢中的时刻。继续集中精神，沉浸在感激之中，让自己投入到奖杯所代表的东西中去，此时，即便它们已经被标识出来，你也要将其记录在你的日志上（写在"感激"一栏）。

主要关注那些特别的奖杯，但也要注意那些让你有所领悟的其他奖杯——然后让自己处于感动之中，你由于自己拥有的一切和你自己而赢得了祝福——其中包括参与这个练习的机会。

让自己**沉浸**到这种感激的感受中，然后在此期间专注于此——之后，为自己能体会到感恩而奖励给自己一座特殊的奖杯，将其摆放在优秀奖杯房间正中的底座上。

重复这一过程，它能帮助你实现上面的目标——将你在此过程中获得的所有感悟都记录在你的日志上。

— 练习：忘掉以前，扩展未来 —

****

"心存感恩。这是通往幸福之路的第一步。"

——莎拉·班·布莱斯纳克（Sarah Ban Breathnach）

****

这个练习的第二部分是讲述**放手和宽恕**。

此练习的目的是承认你就是自己生活的创造者，因此肯定你可以做出选择，随时都能摆脱你目前依赖的所有东西。

所有你不愿意或不能宽恕的事情很有可能都被保存在耻辱奖杯房间中，成为"了不起的大事"——因此，你可能想要弄清楚一点：你想要脱离这个房间的决定，是否从某种程度上还没有平息你的怒气或怨恨。

不管你是否已经体会到这种转变，它都会帮助改变你原有的视角，你站在现在的角度，重新评价一些你未曾宽恕的事件。坦白说，除非你在阅读此书时，被"陷害了"，否则你不愿放手的所有事情都是在完全理解**奖杯效应**之前发生的，因此所有关于这个事件的决定——包括你对其产生的信念——都是在耻辱奖杯房间内部形成的。

显而易见，如果你遭受了任何方式的虐待或是无礼，那么你就无法判断这种类型的行为了。然而，当从**奖杯效应**的这一角度来评价一切时，我们拥有一种能力，即从你一直告诉自己的故事中找出"事实"，尤其是就你在故事中所扮演的角色而言。

****

"宽恕并不意味着要为那些引发你的痛苦的行为辩护，

— 奖杯效应 —

也不是让你不得不找出那些伤害过你的人。宽恕只是一种放松，它抚平你内心的伤痛，消除心中的怨恨。宽恕是在黑暗时节收获的最丰硕的果实。宽恕之后，你会成长，并奋发图强。"

——多纳·马科娃（Dawna Markova）

* * * * * * * * * * * * * * * *

因此，想要宽恕一个人做过的某些事，第一步就是要以你改变后的崭新视角来重新评价相关情景。你看，不管是什么因素让你没有宽恕，只有你在自己的鱼缸中看问题时，才会出现这种情况，那时你正不断地寻找证据，证明自己不够优秀。

在大多数情况下，不愿或不能宽恕都是源于一种感觉，即某个人不值得获得宽恕（例如，不够优秀），因此，你从一开始就有了借口，不愿去宽恕某人。然而，一旦你开始意识到自己是圆满而完整的，是非常重要的，那么你就没有理由紧抓着这样的借口不放了。

因此，这个练习的目的是让你抱有发现事实的意愿，重新评价以下事件。你原来一直不愿意或不能宽恕别人，因为他们曾给你带来了痛苦或悲伤。而且，我们都知道，事实将会给你带来解放和自由……

* * * * * * * * * * * * * * * *

"仇恨会让你恼火，给你带来负担，可能正在毁掉你的生活。但与此同时，你所憎恨的人却对此一无所知，或是毫不关心。他可能甚至已经去世了。宽恕是赠予自己的礼

— 练习：忘掉以前，扩展未来 —

物。只有做到了宽恕，你才能继续过好自己的生活。"

——罗恩·波特·艾弗隆（Ron Potter Effron）

* * * * * * * * * * * * * * * *

开始前，请在你的日志中写下这个标题：**获得宽恕**。我还建议你，在完成这个练习中的感恩环节后，马上着手开始这一过程。现在，请复习一下你在上一个环节中收获的成果吧……

首先，找到几件你无法宽恕的事情，写下那个人的名字，并且简单描述一下事情的来龙去脉。

其次，回想一下这些事，每次专注于一件事，并决定搞清楚在事情发生的过程中，你是在什么时候认为自己不够优秀的。记住，这是一种内心的恐惧——因此，即便那时别人伤害了你，我们中的大多数人习惯相信，只要我们当时足够优秀，此类事情就不会发生。

注意，这个事件曾把你直接送入耻辱奖杯房间，后来在那里，你针对此事做出了几个判断（你是不是想起了我5岁生日的那个故事呢？）。在这件事中，你怪罪了谁呢？你还做出了什么判断呢？请注意，你那时无法控制自己做出这些判断。

你可能遭受过不公正的待遇，或是曾承受过严重的羞辱，**在这种情况下**，除了肇事者，你还埋怨过你自己或是其他人吗？如果是这样，那么你责备了谁呢？

现在，尽可能地从这件事中抽离出来，再次假设自己是个客观中立的顾问。从这一角度，回想一下整件事，并注意一点，即肇事者是否试图主宰别人或避免在生活中受到他人的控制。他们的所作所为是不是为了赢得什么，或是不想犯错，抑或是因为他们担心自己不够优秀，从而想要证明他们足够优秀呢？换句话说——但这并不是为他们的行为辩护——肇事者是否是出于生存的原因才做出那件事或那种反应呢？

继续站在顾问的角度审视此事，你是否发现，受害人（你）别无选择，只能根据他的决定来做出自己的判断，或是从此让受害者的感受伴随着自己呢？现在，你是否发现，你（前受害者）没有资格成为痛苦所挟持的人质了呢？因为你根本无法控制当时的情景。

你能进一步发现，这种情形跟你是否重要根本毫无关系呢？如果你期待有此发现，那么就会如你所愿。因为这就是事实，所以请慎重考虑一下。

你是否还发现，即便你可能有"权力"变得沮丧，然而若是深陷此事而不能自拔，或是将其当作能证明什么的证据，那是完全没有好处的呢？你是否还发现，这件事已经占用了你太多的时间和精力了呢？最后，你是否愿意永远忘记它呢？

如果是这样，请闭上眼睛，想象一下，自己把代表此事的耻辱奖杯摔成碎片——并看着这些碎片化作尘埃——之后这些尘埃被风吹散，你也由此获得了力量。

最后，为了奖励自己忘却此事，请颁发给自己一座优

— 练习：忘掉以前，扩展未来 —

秀奖杯（将其记录在练习3中）。然后，当你准备面对其他事时，请重复这一过程。

* * * * * * * * * * * * * * * *

"人不知而不愠，不亦君子乎。"

——孔子（Confucius）

* * * * * * * * * * * * * * * *

最后，回头再看这个列表，然后为每个条目标记上一句话：我宽恕，所以我杰出。当你写下这些句子时，忘掉任何残留在心中的消极情感吧，设身处地为那些需要你谅解的人想想，也为自己想想。

最终，真正地反思一下每件事，确定你没有遗留下任何痛苦或焦虑（如果你还没有彻底放开此类事件，请重复上一过程），因为此时此刻，对你来说，这些事只不过是简单的事实而已。虽然事实肯定是关于为何如此，但它其实只是意味着"那又怎样"。

* * * * * * * * * * * * * * * *

"宽恕不会改变过去，但却能拓展未来。"

——保罗·波泽（Paul Boese）

* * * * * * * * * * * * * * * *

祝贺你！由于你已经坚持到了现在，因此你显然已经读完了以上四个练习——当然，这并不意味着你做完了这些练习。因此，我建议你先不要开始阅读最后两章的内容，除非你已经逐渐发现，由于做这些练习,你的行为出现了明显的改变。

就算你完成了以上四个练习,体验到这种"转变",我还为那些愿意在本课程中收获更多的人准备了更高水平的"知识"。

因此(不管你在阅读最后两章的前后做了什么),我建议你"坚持下去",完成后面的高级练习——你可以登录网站 www.thetrophyeffect.com,(免费)下载以下内容:

高级练习和实践

练习5:身体隐喻(实现突破与卓越)
练习6:统一性("体验与世界的联系")
练习建议:到大自然中,反思,冥想

不管你是否选择继续完成高级练习,我都建议你尽可能频繁地复习前四个练习的内容,你将会从中受益匪浅——或者采用以下计划:

练习1:每六个月一次,或是按照自己的需要调整

练习2:持续进行——但我建议你每六个月复习一次这个练习(包括你的日记本)

练习3:每三个月一次——但是,为什么不一直坚持下去呢?

练习4:感恩;每周(或者尽可能再频繁一些)都要宽恕某些事;每六个月一次

— 练习:忘掉以前,扩展未来 —

* * * * * * * * * * * * * * *

"采取有效的行动后,静静地反思。静思会产生更加有效的行动。"

——詹姆斯·莱文(James Levin)

* * * * * * * * * * * * * * *

— 奖杯效应 —

第二十章
神圣的游戏

* * * * * * * * * * * * * * * * *

"……如果你真的想要活得幸福，请改变你的生活方式！与过去决裂，拥抱你的梦想——然后让你的自我成为世界的一个容器，让神能够在里面施展魔法……"

——迈克尔·尼蒂（Michael Nitti）

* * * * * * * * * * * * * * * *

坦白地讲，你是否完成了以上练习呢——或者说，你是否在完成以上所有过程之前，就开始阅读这一章了呢？如果你跳过了必须要做的练习，那么我建议你回到上一章，通过完成前面的练习而获得独特的体验，将其作为一份礼物送给自己。这份礼物是指你的感觉发生了难以置信的改变，因为它源于你"活在世界之中"——只有亲身体验，才能够了解这种改变。因此，如果你还没有完成上面的四个练习，请帮自己一个忙，在阅读下文之前先去做练习……

如果你的确完成了练习，并且依然停留在获得奖杯的环节，并等待着这一"转变"出现（包括按照我的建议，记录下你的所有领悟），那么你很有可能发现，你天生就具有按照自己意愿创造自我的能力。此外，由于要全力以赴，如果无法体验到你的自我是"圆满而完整的"，那么你将无法实现这一目标。在这种情况下，我相信，这一事实也已经随之向你显现了。

除此以外，在第三个练习期间，你主动反复地超越自己的恐惧（当心灵乞求你不要这么做时，这需要你漠视它的这一要求），你很有可能坚持下去或是产生许多勇气，而没有意识到自己的优秀已经远远超出了自己最大胆的想象！

那么，你会怎么做呢？你真的曾全力以赴过吗？还是就浅尝辄止了呢？因为没有居中的选择，你只有用尽全力才有可能得到某些收获——在此情况下，你可能已经注定要变得"更聪明"，而且此时你可能已经"变得更聪明了"。

此外，如果你已经完成了练习，但却对其毫无"感觉"，如果用更准确的方式描述这一状况，那就是你还没有感受到改变——在你真正开始体验到发生了改变之前，你完全可以继续做前面的练习。换句话说，全力以赴地去做……

你看，这与你是否理解这些练习无关，重要的是你如何去理解它们。在这种情况下，这不仅是欲望的问题，而且还与你的意愿有关。因为虽然你可能真诚地想要体验到整一性和意图性，人们总是习惯于沉浸在一种希望之中，即希望发生某种事情，而不是产生一种预期或意图，认为它们肯定会发生——这也是为什么你可能由于"没有尽全力"而感到内疚，责备自己没有全身心投入的原因。

然而，如果一个人真的坚持做某件事，他为什么不"全身心投入"并尽力而为呢？为什么有人愿意满足于浅尝辄止呢？

原因很简单，如果你确实尽全力了，却没有实现自己的目标，

— 奖杯效应 —

那么心灵很有可能会为你的失败找借口，它会将其视作最终的失败！因此，你的心灵真的会尽最大能力阻止你付出百分之百的努力，除非它认为你知道自己正在做什么（因为心灵更愿意选择不去做某些事情，而不是冒险放弃）。尤其是当心灵感到你对自己将要面对的情况不了解时，心灵就会如此判断"整一性"或其他东西，站在心灵的角度看，这些东西无法获取。

从原则上说，摆脱个人的规训或是消除所有恐惧的唯一方法，是全力以赴，即便你的心灵乞求你不要这么做。就算心灵劝说你半途而废，你也要继续完成练习——你可能会发现，通过"潜意识地建议"你坚持理解这些练习，你能达到这一目标——这种理解会以某种方式让你获得一些体验，只有通过亲身经历，你才能获得这些体验。

你看，在"神圣的游戏"（神圣的游戏：是鱼缸外的生活，它产生于意愿，超越了自我，并且遵循世界的整一性）这一章，"理解"是个"特别奖"。再多的学习过程也无法让意识产生如此深刻的转变，这就像一个人仅凭阅读骑自行车的书，是无法学会掌握平衡的。想要知晓平衡的唯一方法就是骑着自行车，坚持下去，直到亲身体会到"平衡"的感觉。

与之类似，如果你想要体验到"改变"，唯一方法就是坚持下去——不管你会觉得多么不舒服或迷茫——直到你"感受到改变"为止。因此，在这段旅程中，欲望和知识不是你的伙伴……

回想我的客户的故事，他在帮助那位依靠助步车行走的老人时，消除了自己的不适，请注意，这正源于当时的情境。因为在他的心灵和自我的博弈中，我的客户坚持履行自己的意愿，想要发生改变，

— 神圣的游戏 —

并摆脱他的恐惧。在意识到无法消除自己的不适后,他选择漠视这种不适感。尽管他的心灵劝说他不要这么做,但是他依然采取了行动——而且当时他并不能确定自己会因此得到满足感——他拒绝中途放弃。在那时,只有意愿、信仰和决心,才能让他发生"神圣的改变"。

经过这件事,我的客户意识到他自己才是自己生活的主宰。他拒绝中途放弃,这使整一性被如此深刻地揭示出来,他知道自己永远也不会忘了这件小事(就像一旦平衡这一感觉出现后,就再也不会消失一样)。此外,他确信,世界在冥冥中促使自己面对这种环境,因为显然这件小事肯定会发生在他身上,从而促使他发生改变。此外,如果我的客户没有敞开胸怀接受改变(期待发生改变),那么在关乎命运的那一天,他可能只会为老人扶着门而已。

然而,我怎么就肯定知道这位客户的体验呢?我怎么就一定知道他当时的感觉,或是他当时想的就一定是正确的,抑或此事如何影响了他的生活呢?好吧,我肯定知道,因为那位客户就是我自己。千真万确。

接下来的故事还是关于我,因为每当我带着奉献和改变的意愿来超越自己的心灵时,我就有幸能够体验到同样的自我感和整一性。

最终,我发现自己每时每刻都能体验到整一性。虽然早在 25 年前,它就开始轻轻拍着我的肩膀(就像帮助卫生间中的老人时那样——也像我后来用绳索滑下山来时那样——或者还像我首次在几百人面前讲话时一样),但是只有当我敞开心胸,并在另一个人面前,让自己感受到启发和与他的联系时,整一性才如此强烈地持续出现——或是通过自然本身……

— 奖杯效应 —

当然，有些人与我在此描述的不同，他们通过练习来体验到整一性——在此之前，无须学会**奖杯效应**的四个观点。然而，由于此书源于我开始认识到整一性的过程（以及之后"教授"他人来认识整一性的经历），所以我建议你继续这一旅程……

即便如此，我当然不会只赞同自己的教学方式，因为我的目的是让你认识到整一性，使用什么方法都无所谓。当然，有些方式更加微妙，随着时间的流逝，总是能"培养"整一性的体验，并因此通过其他方法促使心灵"保持安静"，而不是依靠清除恐惧。这些方法包括多种形式的冥想，还包括通过精神的或心理的启示"抵达纯粹潜力的境界"。此外，研究心理学或是量子力学也有可能激发一种**神圣的转变**，因为后者能直接通往"事物的真实本质"之下的真科学。

在这些方法中，冥想通常不仅被看作一条"道路"，而且还是一种"方法"——这也是我为什么建议你要经常冥想，从而能够认真观察你的自我与心灵之间的区别——因为平静是一种愉悦而有效的方法，可以让一个人与本源发生联系。

由于你可能会对这些方法颇感兴趣，所以我在附录中推荐了一些相关的书籍和活动，它们将会满足你这方面的需求。然而，我向你保证，不管你最终如何体验到整一性，通往整一性的最后一步都需要你放弃"已经学会的东西"，进入到无知的状态……

考虑到这一点，虽然你最终可能想体验一下其他方式（就像我一样），鉴于你已经行至此处，并熟悉了以上的练习，我劝你还是继续坚持目前的旅程吧。毕竟，当**奖杯效应**已经把你引领到此处，你为什么偏要改变路径，而不是继续前行，继而"安静地坐在山

—— 神圣的游戏 ——

顶"呢？

我完全尊重其他的方法，也留意过那些通过其他方式最终获得启发的人——我可以向你保证，条条大路都会通往一个罗马。为了达到这个目标，如果你真的想要继续这一旅程，但却还没有完成以上练习，那我建议你不仅要马上去做练习，而且还要全力以赴！我认为，这就好比是"直接从前面破门而入"与"趁人不注意，从侧门溜进去"的区别。

即便如此，"正确"的道路是不存在的——而且我当然无法保证，你在做完练习之后，就一定会体验到一种"神圣的转变"。然而，很少有人全力以赴地付出后，却没有获得同等程度的突破。

而且，我可以向你保证，仅仅依靠理解，你永远也无法了解到"启示"——因为想要通过一种纯粹精神的角度试图赢得神圣的游戏，这永远不会成功。因此，我建议你找出那些自己害怕的东西（或是逃避的东西），与其成为朋友。这并不是为了理解你害怕的原因（或是避开它），而是出于一种意愿，即接受它，然后消除它。

实际上，为了赢得这场比赛，我建议你找出并消除那些过去曾阻碍你的东西——并每天都做一些与众不同的事情。告诉你的心灵，你才是老板！

例如，如果你经常抄近路上班，那么请选择一条景色更美的路线。如果你通常早晨七点起床，那么请你六点半就爬起来。如果你不经常在公交车上与陌生人说话，那么尽可能多地与人们交流（或者是做些其他类似的事情）。关注那些你一直避免的事情，然后主动地去做一些这样的事。

继续关注并寻找那些能证明我们共同成就的证据——也要继续

— 奖杯效应 —

关注那些你用口头表扬的方式为他人颁发的奖杯。例如，如果你看到某个人为缺纸的复印机装满纸，或是在倒完最后一杯咖啡后重新煮上一壶，那么请"使用超大音量"表扬此人，以便让他们听到。

不管一件事可能有多么微不足道，请让你自己每次都受其启发，并"投桃报李"——当你与他人交往时，让自己尽可能地感觉到与他们的联系。留心他们想要改变的愿望，并注意到，他们跟你一样，其愿望是出于自己的意愿。关注他人如何消除自己的恐惧，因为你也会消除自己的恐惧。主动忘记过去曾经发生过的事情，和人们和谐相处。与人们真实的一面交往，而不是与你想象中人们的样子交往——然后为所有有关的人都颁发奖杯。

最终，扩展你的意识。在每个人和每样东西中寻找那些能证明自己和其他所有人的成就的证据。关注人们获得的成功。赞扬他人取得的所有成就。多花时间到那些展示他人成就的地方去，如博物馆、剧院、图书馆、音乐厅和体育场等。让自己处于艺术和书籍之中，欣赏所有类型的音乐，观看所有的运动员和表演者的卓越表演。如果你花上几周的时间去做以上这些事，那么你很难不发现我们所有人的优秀之处。因此，尽可能多地这样做——并期待发现事实。

然而，只有对那些寻找真相的人来说，真相才会自我显现，如果有人盼望发现整一性和卓越以外的东西，那么他无法了解真相。那些只希望自己看到真理的人也不会发现真相。实际上，当你正期待某事发生时，根本无须盼望它会发生。没有人坐在顶峰，却还"希望"能获得启发，因为想要实现此类目标，人们需要一种意愿，它来自一种期待和某种信念。

因此，将这些练习看作你的山峰——但不要试图"攀登此山"，

— 神圣的游戏 —

也不要怀有自己会获得什么的希望。与之不同，让信念成为你的向导——然后怀抱期待和意愿，一步一个脚印，那么你就会被改变。

最后，完成所有的六个练习之后，我建议你继续做"推荐练习"，每做一次，你都会有所收获。一直期待着能在所有人和所有事中发现神的存在。到那时，你会意识到，你无须证明什么，我们都与本源是一个整体。而且，当你开始认识到没人天生就比别人优秀或差劲时，接着你会发现自己能赞同并庆贺自己或他人取得的所有成就——包括当战胜了自己的恐惧后，其他人可能学到的东西或是发生的改变。

主动地让嫉妒之心烟消云散。让你成为卓越人士中的一员，同时也像他们一样获得类似的成就。为自己取得的成就而庆贺吧。与人分享你的成功，然后尽最大努力做好自己的工作——还要清楚你也是代表其他人来做这些事。将你的卓越奉献给整个世界。心里清楚一点，即你是"所有成就"中的一部分，然后为自己颁发一座奖杯！

神圣的游戏激励我们获得成就，因为我们具有变得卓越的能力——不是为了证明我们足够优秀，也不是为了用我们"个人的"伟大来主宰其他人。这是一个精神竞赛——一个永远不会输掉的比赛——因为这场比赛只是促使他人的心灵做同样的事情。因此，拒绝参加这场竞赛吧。然而，如果生活不是一场竞赛，那是什么呢？当意图通过超越而不是主宰而赢得比赛时，与自己和他人竞争就成为一种重要又快乐的追求了。这种精神需要有一种腾飞。因此，做一个卓越的人，做我们自己，是我们天生的权利。

因为你能够肯定自己的卓越，所以我建议你也要关注并肯定他人的成就。虽然从我们的"人类经验"角度说,"我们自己"从根本上是不可分割的,但是我们每个人都有幸拥有学习各种知识的自由,也拥有培养"个人"才华或天赋的能力,其中有些人能够表现和表达得比别人更优秀。因此,就算你表现出自己最好的一面,你也一定会遇到那些"更优秀"的人,比你要更出色——那种将自己与别人比较的做法也只是"这个游戏"的一部分。即便如此,输或者赢从不意味着要去衡量一个人后天的成就,而是看一个人如何更好地赢得人类的一场特殊竞赛。

然而,就神圣的游戏而言,一旦你认识到以下事实,即你与别人存在着联系,那么不管你参与了人类的何种竞赛,也不管你的对手是谁,你都不可能输掉。因为如果你赢了,你就是赢了——如果"对手"赢了——你也赢了!

即便你面临着与他人的直接竞争(可能是运动团体或是销售团队的成员之一,也可能感觉到你处在这样一个位置,即经常需要比较你与他人的表现),有可能你比别人表现得优秀,也有可能别人比你表现得出色,但是请不要让以上两种情况影响你,阻止你无法从自己或别人的成就中获得启发。尽自己最大努力做好自己的工作,然而也要关注并承认别人的成就——然后一定要颁发许多座奖杯。

由于你说出了自己和他人及其他事物之间存在的联系,请让这些对我们共同成就的个人表达启发到你。在我们中间,有些人是优秀的运动员、音乐家或艺术家,有些人是出色的教师、推销员或是某个组织的领导人,有些人是被人称赞的学者或哲学家,同时还有父亲、母亲或是别人的顾问,让其意愿得以彰显。事实是,不管别人选择了什么道路,他们与你身上流淌的东西别无二致。因此,请

— 神圣的游戏 —

你用所有的热情去庆祝吧，然后让"热情"尽可能完全地流淌到你的全身，因为这就是对你自己的最好表述！

* * * * * * * * * * * * * * * *

"这是生活中真正的乐趣——你认为这种生命是恢宏的，这种生命是自然的力量，而不是源于兴奋、自私、病痛和不满，从而抱怨世界不会让我幸福。我认为自己的生活属于整个世界，我也能为世界做些力所能及的事情，我为此感到荣幸……

对我来说，生活不是一只快要燃尽的蜡烛，而是一个壮观的火炬，它现在就在我手中，在我将其传给下一代之前，我想让这个火炬尽可能闪亮地燃烧……"

——乔治·萧伯纳·肖（George Bernard Shaw）

* * * * * * * * * * * * * * *

第二十一章
鱼缸之外的生活……

* * * * * * * * * * * * * * *

"谨小慎微的人毫无激情可言——不要只想着满足现状,其实你能够拥有更好的生活。"

——尼尔森·曼德拉(Nelson Mandela)

* * * * * * * * * * * * * * *

生气勃勃,自由自在,与人沟通,开心快乐,富有活力……

那么,在离开你的鱼缸之后,以上哪些词能够形容你目前的状态呢?我想,大部分都可以吧?然而,不管你现在是否"有此感觉",我都劝你继续做上面的练习,直到你完全摆脱了原来的规训。换句话说,直到你不再习惯于将耻辱奖杯奖励给自己,并成为传递优秀奖杯的大师……

一般说来,此类调整训练通常需要几周的时间才能见效。在此期间,你大脑中真正的神经联系将基于你的生活范式,逐渐"重置",因为你的心灵开始接受生活中的事实。这也是你为什么需要完成以上练习(而不仅仅是理解它们),同时也可以解释为什么庆贺优秀奖杯是如此重要。

— 鱼缸之外的生活 —

即便如此，我建议你不要希望意愿会自动产生，因为只要你的心灵将某种情况视作一种威胁，它将永远做出本能反应。然而，既然已经发现了事情的来龙去脉，你就能有意识地做出反应，而不是被动地防御。虽然"意愿"本身阻止意愿自动显现，但是没有什么能够阻挡你按照自己的意愿去控制你的心灵——这意味着你将永远能随心所欲地做到这一点！

由于你能"有意识地做出反应"（因此成为"自己生活的主宰"），你最终会发现，所有人和所有事都能表现出你的卓越。你将逐渐在与他人的联系和爱中获得生机与活力，因为你与世界是一体的。这是你与生俱来的权利，而且这一权利在你的鱼缸之外等你去发现！

鉴于此，想要提前了解"等着你去发现的所有东西"，不妨查看那些已经完成了练习的人所提交的评论，这是个好办法。因此，我建议你登录网站 www.thetrophyeffect.com，在那里，我相信你不仅会从那些已发表的言论中得到启发，还会习惯通过电子邮件提交你自己的心得。实际上，我建议你尽可能多地访问这个网站，分享你的个人经验，从而获得更多力量——并将力量赋予他人。

如你所想，谈及分享个人体验，我自己的耻辱奖杯房间已经被"关闭"了相当长一段时间了。然而，实际上，我能清晰地回想起多年前自己关闭这个房间的那天。我再也不会为那些无法影响自己生活的东西而忧伤了，只是逐渐感觉到从未对自己如此歉疚过，那时——难以置信——我的耻辱奖杯房间在眨眼之间来了又走了！

那时，我曾经花了几年的时间"寻找事实"，直到最近我才发现，原来我一直在问自己一些毫无意义的问题（为什么是我？要怪谁呢？等等），我最后逐渐"跳出鱼缸"进行思考。即便如此，直到那一刻，我只是对这一概念感兴趣而已，因为我依然没有"发现事实"。然而，在西雅图的一天，天气宜人，我在卫生间帮助了那位老人，就在短短的两周后，我获得了极为光荣的顿悟，并因此完全说不出话来。

在那一刻，"光出现了"，我永远摆脱了自怜自爱！当光出现的时候，你认为我在哪里呢？没错——在耻辱奖杯房间——在那里，我生活中发生的每件事就像电影"回放"一样，它们再也不会让我感到痛苦了。此外，我不仅将这些消极的事件（出于直觉，我将它们视作"奖杯"）当成自己所有痛苦的源泉，而且能清晰地看到：a) 这些事是活生生的证据，证明我不够优秀；b) 我完全有权利决定自己如何解释这些事件，并掌控自己对它们的看法；c) 如果我没有亲眼看见自己的行为，在我的余生，我都可能会继续被这些事情困扰。

无须赘言，这是一个颇具"启发性"的领悟。然而，接下来的发现才真正地改变了我的生活，即我无须这样生活！我有能力去改变它！！在这种情况下，我恰恰是这么做的——过了一小时多一点，我发现了耻辱奖杯房间的存在，于是我就永远将其关闭了……

在那个幸运的时段中，我发现自己被一种更高层次的意识送到一个地方，那里"既是四方，又是无有之乡"，在那里，我有幸能体验到自己与世界融为一体。我被神的恩惠改变了，显然，爱在我身上流淌，因为它流淌在世间万物之中。此外，我能发现，万事万物都是圆满和完整的，就像它们以前显示出来的一样——它们一直以来都是如此，以后永远都会如此。我了解了真相，而且我心存感激。

— 鱼缸之外的生活 —

因此，我的耻辱奖杯房间消失了，**奖杯效应**诞生了……

然而，为什么你现在才听到这一段故事，而不是在 25 年前就知晓呢？

坦白说，因为几年来，我一直都在"想"把这个故事写出来——在这期间，我一直在思索如何才能将其有效地传递出去，而不仅仅是"解释"它。当然，我发现了**奖杯效应**的威力，因为它曾如此深刻地改变了我的生活——并因此改变了很多人。实际上，我花了好几周的时间才发现这一过程，之后才开始和许多早期的客户一起使用它。通常，这能帮助他们克服那些通往成功道路上的困难，以前他们认为这些困难是不可逾越的。

此外，直到现在，这依然是个秘密。当然，我之所以写这本书，肯定不是想要继续将其当作一个秘密。因此，既然你知晓了这一秘诀，你会怎么做呢？

不管你做些什么，我建议你不要满足于现状，因为你还能获得更多。因此，一旦你读完以下名为"专注"、"四个观点"、"现在"和"调整"的片段，我鼓励你继续做以上练习，直到你发现自己真的将优秀奖杯像门票一样传递出去！

专注的力量

既然你知道你担心自己不够优秀的恐惧源于以下事实，即你一直困在一个奖杯房间中，里面的证据可能是正确的，当恐惧出现时，是什么原因促使恐惧出现呢？有没有这种可能，即当不止一种"自我否定的想法"出现时，你无法不去想起它们？

— 奖杯效应 —

好吧，如果要怪谁的话，由于你一生都在奖杯房间的"思考范围"内生活，你将永远遭遇这一担忧。然而，不管你可能有多少次会感受到这种恐惧，你也不是一直如此。因此，显然只有当你专注于耻辱奖杯的时候，你才会被它们影响。换句话说，之所以你由于这些奖杯感到悲伤，与其说是因为奖杯的存在，毋宁说是因为你的存在。你太专注于自己的耻辱奖杯了！在这种情况下，也可以说，你从未真正地拥有过"耻辱奖杯房间的困扰"——你只是"过于专注"了。

基本上，"专注"能将我们塑造成自己可能成为的样子，或者创造我们可能拥有的东西，不论好坏。如果你关注带来快乐的事情，那么你就会变得快乐。如果你关注引发痛苦的东西，那么你就会感到痛苦。这是个非常简单的公式。因此，如果你关注某些自己渴望的东西——并持续地关注它——那么你很有可能会得到它。另一方面，如果你专注于自己不想要的东西，你也很可能会得到它。因此，如你所见，对你专注的东西，要小心选择，因为这关系重大。

鉴于此，虽然你已经发誓不再奖励给自己耻辱奖杯了，并许诺要远离自己的耻辱奖杯房间，但事实上，我们共同的耻辱奖杯房间一直充斥着某些特别令人感到恐怖的事情（不信你可以看看每天的新闻节目，然后就会认同我的话）。因此，在实际生活中，当我们面对如此多的负能量时，为了能够保持积极的心态，耻辱奖杯将帮你理解和掌控"专注的威力"。

很简单，专注的威力是一种能力，它隐藏在你生活中想要达成

— 鱼缸之外的生活 —

的一切愿望背后。它就是吸引力法则背后的"燃料",缺少它,你无法实现任何有意义的目标或结果。另一方面,专注还为危机法则(如果你专注于某种阻挠自己意图的东西,你就无法实现自己的意愿)提供了燃料,其中,你很容易心烦意乱。例如,如果你专注于某种担忧,即某些东西可能会妨碍你达成一个目标,那么这种想法就会成为现实,你就无法获得成功——除非你有意识地将自己的注意力转移开,不再心烦意乱,并且关注你的目标。

不管你可能正在追求什么目标,也不管你希望能减少多少怒气,你我都有幸按照自己的意愿转移自己的注意力。当然,你可能体会不到你拥有这一能力,因为多数人都能想起这样的时刻,即当我们试图转移注意力时,却感觉自己心烦意乱或担惊受怕。然而,如果你曾有过这样的遭遇,那也不能证明你缺少这一能力。它只能证明你变得心烦意乱了——然后被困在那里……

简言之,心烦也是生活的一部分。很多情况下,你我可能习惯于将其视作是注意力的转移。然而,令人感到讽刺的是,心灵通常将注意力的转变当作心烦的表现(这个过程通常被称为"拖延"),它就在我们眼前摇来晃去,试图阻止我们全力以赴(你现在知道了事情的真相,因此你就能了解自己失败的原因了)。

实际上,我们所有人都会有心烦意乱的时候。谁会没有过这样的经历呢,即当你应该学习的时候,你却在玩电子游戏或是看电视?谁没有过这样的经历呢,即在开会的时候接电话,或是在忙着一个重要项目的时候却在上网消磨时间?当然,我们有时候主动地让自己的注意力转移;但是,除非你有意如此安排,或是决定将其当作

— 奖杯效应 —

消遣，否则它们很有可能会降低你的效率，让你半途而废（在以前，这可能会让你感到相当郁闷，还有可能让你赢得耻辱奖杯）……

* * * * * * * * * * * * * * * *

"转变注意力与分散注意力唯一的不同在于，前者是你主动有意为之，而后者是你不自觉而为之。"

——迈克尔·尼蒂（Michael Nitti）

* * * * * * * * * * * * * * * *

由于你逐渐理解了**奖杯效应**，你将发现自己能不断地将注意力集中在那些心灵放在你面前的东西。每当你感到注意力分散（或害怕）时，你的目标必须是先接受它，再处理它或消除它，之后在自己的注意力没有分散之前，将精神集中到自己正在做的事情上去，以此，重新调整你的关注点，让你不再分散注意力（或感到害怕），重归正轨。

为了实现这一目标，你必须不能分散注意力，不再认为分散注意力是"错误"的，不再希望这种情况不要发生，不再对此感到郁闷，或是"赋予其力量"——因为这与专注类似（由此，你会将自己的注意力放到它上面去）。所以，集中注意力的有效方式是，专注于迎接挑战的决心（而不是关注挑战本身），同时永远不要忘记自己原来的目标。

最后，要想完全掌握"专注的威力"，关键是要清楚你渴望什么，以及你为什么渴望它。你应尽可能清晰而完整地明确自己的目标。实际上，当目标明确时，这就无须多言了。鉴于此，如果你想要了解这方面的更多内容，我强烈建议你阅读一本不错的书，名为

— 鱼缸之外的生活 —

《专注的威力》，作者是杰克坎·菲尔德，他真的非常优秀。

* * * * * * * * * * * * * * * *

"关注你想要达成的目标，而不是将注意力放在你害怕的东西上。"

——托尼·罗宾斯（Tony Robbins）

* * * * * * * * * * * * * * * *

自选练习

关于**奖杯效应**的四个观点

就像跳舞受到文化训练的影响，不知不觉中被精心排练一样，我们的生活也受到以下因素的影响，即源于恐惧的担忧、观念和信仰等。这让我们不仅低估了自我价值，而且还让我们享受不到应得的东西。而且与完成练习前相比，虽然我坚信你现在已具有更大的力量了，但是我还是给你做出以下总结，针对你的练习方法进行特别指导，让你能更自由地理解**奖杯效应**的主要观点。

观点 1：

每当你要做决定时，你忍不住受到耻辱奖杯房间中所有奖杯的影响，这是因为当你思考自己的目标时，心灵总是让你感受到一种恐惧。因此，**你所有重要的决定都是在耻辱奖杯的阴影下做出的。**

— 奖杯效应 —

应对措施：

很简单，不要这么做。当你为过去的事情感到悲伤时，不要思考任何有关行动的事情。

让自己处于机智灵活的状态中，创造一种充满能量的氛围，让身边围绕着值得信赖又可以给你提供建议的人。权衡利弊，不要着急做出仓促的判断。你是否能明白，以前有些事没有按照计划发展呢？肯定是的——尤其是当你沉思一个类似的行动时——这种状态肯定会帮你从过去的错误中得到教训。然而，它还能帮你发现今昔的不同之处。最终，一旦你决定继续前进，那么你必须明确自己的目标，并期待自己能够成功，在整个过程中都用优秀奖杯奖励自己的每个小成就！

观点2：

因为你害怕自己不够优秀，也因为你受到文化的影响而表现得谦卑，所以你已经为自己的生活按下了"静音键"——以至于你没有获得启发，不能完全理解你自己和他人。由于这个原因，**在耻辱奖杯房间中，耻辱奖杯带来的负能量让你感觉糟糕，但由于你的优秀奖杯房间中缺少优秀奖杯，你可能会感觉更糟。**

应对措施：

要想解决这个问题，有一个最为有效的简单方法，让你能"取消静音的状态"，尽可能在最短的时间里将优秀奖杯房间填满，而且永不停止！因此，关键是你要忘掉所有可能会阻止你进行自我认同的东西。如果你想公开地"自吹自擂"，那么我劝你还是不要这么做。但如果你不能肯定自己已有的成就，那你也不能完全释放自我。我再次强调，是恐惧拖了你的后腿，而不是谦卑。因此，接受你的卓越和你的力量吧。最后，如果你更愿意默默前行，这当然也取决于你自己——但是，你必须全力以赴地向前进。

　　接着，你必须完全改变自己的评价标准，以便"感受到自我"，从而能奖励给自己尽可能多的优秀奖杯。既然我是导师，为了说明这一过程，我为你提供一个范例，跟你讲讲自己每天要做的事情：

　　　　早起，有奖杯！下床照顾我的狗（两只狗），两座奖杯。认真晨练，有奖杯。更加努力地晨练，两座奖杯！检查邮件，有奖杯。回复客户，发给他一封鼓舞人心的邮件，有奖杯！给我母亲打电话，有奖杯。进行一次满意的电话辅导，有奖杯。接着再做一个卓越的电话辅导，两座奖杯！又写完本书的一页书稿，有奖杯。肯定或赞美我的妻子，我们每人各收获一座奖杯。发现我自己在颁发奖杯，再获得一座奖杯！！

　　对于许多人来说，这与他们平常处理事情的方式大有不同——这也是我为什么能够轻而易举地肯定自己的成就。有时我的客户坦诚道，当他们由于一些琐碎的事情奖励给自己奖杯时，会感到非常"不安"。他们认为这么做会"降低自己本来很高的标准"。我回答说，我为他们的意愿和他们的高标准而鼓掌。

　　作为一个导师，我不会建议任何人降低自己的标准。然而，我

— 奖杯效应 —

真的支持你改掉一个习惯,即从"二选一"的角度来看待自己的生活。我再次强调,那种认为你只能"二选一"的想法是一种文化观念,它很可能也普遍存在于生活的其他方面——那么,你为什么还不马上改掉它呢?

事实上,你完全有权力为任何事情奖励自己优秀奖杯,不用把自己的标准降低分毫。因此,我建议你马上放弃这一观念——然后给你的自我一座奖杯,因为你没有降低自己的标准。

记住,颁发优秀奖杯的主要目的是在你的大脑中建立积极的神经通道。以前,我们都"踩烂了通往耻辱奖杯房间的地毯",将通往耻辱奖杯房间的神经通道变成了名副其实的高速公路,然而通往优秀奖杯房间的"地毯"却一尘不染!

因此,我建议你开始踏破通往优秀奖杯房间的地毯吧,尽可能多地奖励给自己优秀奖杯,以便建立一个通往此房间的崭新神经通道网络。一旦你做到了,你会发现,即便你试图远离优秀奖杯房间,那也是不可能的。

此外,通过有意识地回避耻辱奖杯房间,通往该房间的神经通道最终会由于鲜少使用而衰败,这意味着虽然你可能无法将该房间关闭,但你能"换掉磨破的地毯",它原来一直欢迎你常来拜访。无论如何,对你来说,建立新的神经通道的最稳妥方式(同时也确保消除掉那些无用的神经通道),就是一直做练习。

观点 3:

你不把好事当作理所当然的,可能还拥有这样一种文化观念,即只能通过某种方式或是参与某些特殊的活动才能获得幸福。因此,

— 鱼缸之外的生活 —

你受到了社会的规训，相信优秀奖杯非常稀少，应该只能在肯定某些极其特殊的成就时，才能获得奖杯。

应对措施：

我建议你问问自己，什么才能"让你感到幸福"。这也许是我首次让你这么做。为了能感受到幸福或体验到激情，你有些什么"规则"？请再看看第十五章，读读有关社会规训的内容，然后关注一下你自己接受的训练。与此同时，我建议你找出某些潜意识的判断，这些判断可能会削弱你的活力——然后忘掉它们。

生活是美好的。你我是优秀的。爱无处不在！而且，为了体验到更多的快乐和激情，你必须同意，你自己就能够"创造"这一切——然后期待自己能够做到！

当然，我并不是说某些活动比其他活动无趣，也不是说幸福和激情不够特别。实际上，我认为它们非常特殊。因此，我从不只在特殊场合"品味"它们。这并不是说要降低你的标准，而是从某种程度上提高你的一种意识，即你能随心所欲地创造幸福和激情——就像你能按照自己的意愿"创造"优秀奖杯一样。因此，通往幸福最稳妥的通道就是"走出自己的鱼缸"，同时尽可能多地奖励给自己优秀奖杯。

观点4：

你已经拥有"放手"的能力，当这一能力与以上三个观点共同发挥作用时，它会让你拥有一个更易自我宽恕的积极心态。

— 奖杯效应 —

应对措施：

如果你能理解某些事，那么不妨忘掉它们。为了实现这一目标，我建议你使用"宽恕过程"来面对所有心存芥蒂的事——尽可能多地这么做。如果你不愿意忘掉某件具体的事，那请你找出其中的原因，然后根据这一原因来完成宽恕的过程。

通常，不愿意去"宽恕和忘却"与受伤害的记忆有关，也与一种信念有关，即如果你忘了这件事，那么你将会感到更受伤害。而且，即便你受到了伤害，它也会让你认为自己没做错什么。通常，你是正确的，因此不妨最后一次肯定自己"是正确的"，然后忘了它。作为你自己生活的创造者，你必须放下所有过于执着的东西，然后将其从生活中抹去。

最终，虽然没人会因为你不宽恕某种不公而责备你，但是你不愿放手的东西让你无法体会到自己真正的卓越。因此，放手吧！并不是因为你应该如此，而是因为你能够做到。将放手作为一件礼物馈赠给自己——然后因此而奖励给自己一座特别大的奖杯……

现在的力量——享受旅程和目的地

由于此书花了这么多篇幅关注"好事情"而不是"糟糕的事情"，关注目标而不是恐惧，这似乎意味着，幸福的秘诀绝不是关注某种"当下发生的事情"。诚然，这会让你专注于自己的目标，而不是自己为什么无法达成那一目标。然而，这并不意味着生活是关于目标的，或是除非你实现了这些目标，否则你注定是无法获得满足的。

— 鱼缸之外的生活 —

实际上，旅程本身和目的地二者同样重要。不管你曾经到过哪里，"现在"才是最重要的——过去和未来都只不过是幻象而已。鉴于此，在追求某一目标的过程中，生活只不过是一系列连贯的"此刻"，也就是说现在一直存在着，接下来还是另一个现在，然后是又一个现在，如此往复。显然，如果你相信了一种幻觉，即幸福取决于达到某一特定目标，那么你就为了一个最终的时刻，而放弃了无数的"当下"。我认为，这并不是一桩明智的交易，它也不会让你充分享受到生活的乐趣。

因此，庆祝每一个时刻吧！享受每个时刻的卓越和真理。只是期盼下一刻的到来，完全没有任何价值——因为我向你保证，该来时自然就来了。因此，不妨"活在"当下。坦白讲，我应该用几卷的篇幅谈论这一话题，因为很容易将其扩充为一本书的内容。谢天谢地，已经有人写了这样的书——所以，与其让你听我针对这一话题絮絮叨叨，我还不如建议你阅读《现在的力量》一书，这本书的作者是埃克哈特·多勒（Eckhart Tolle）。他的"闲扯"才真正具有启发性。

调整和意愿

最后，我建议你树立一个伟大的目标，然后全身心去接受它，为此竭尽全力，你到处都能发现卓越。有无数个人和组织立志要改变这个世界。因此，找出你感兴趣的内容，然后将此作为你的目标。成为这一目标的代言人，成为一种"意愿的代表"，不再被动地生活，专注于你的梦想和实现这一梦想的方法。现在，是你——而不是你的心灵——在掌管着你的心。制订一个生活计划（请参看 P214 的说明，如何制订一个生活计划），从而让你能与整个世界分享自己的天赋和才华。愿意承认自己能够从某处获得"某种程度的幸福"，然后让"快乐"和"激情"成为你最好的朋友。

阅读这本充满真理的书籍，找到一位精神导师或是雇佣一位导师。确立一种角色模型，结交那些正在做着类似事情的人，肯定他们，同时也肯定自己。将他们的意愿和目标融入到你的"独特性"中，让这赋予你力量，同时，你也会给他们带来力量。

坚持下去！你的心灵一定会怀念它的耻辱奖杯房间和鱼缸。它会试图劝说你放弃。不要让此类事情发生。让优秀奖杯房间成为你崭新的家园。为你的卓越而庆贺，并且将其与他人分享。改变沉默的生活！去爱，并且全身心去爱。不管你要做些什么，你的目标是什么——先开始行动吧……

* * * * * * * * * * * * * * *

"既来之，则安之。"

——孔子（Confucius）

* * * * * * * * * * * * * * *

— 鱼缸之外的生活 —

关于作者……

迈克尔·尼蒂是一位颇受拥戴的生活导师及心理导师，25年来，他曾改变了人们的生活，并触动了他们的内心。迈克尔出生并成长在俄亥俄州北部，毕业于肯特州立大学。然而，他目前拥有的大部分学识和现在所教授的内容，都得益于25年来大量的自我转变课程的学习及实践。自从在1980年首次参加了该课程之后，迈克尔决定追求更高的精神境界，在1983年，也就是他31岁的时候，他的内心发生了更深刻的变化。

在精神觉醒后，他继续学习其他精神导师的著作，在此期间，他还开设了里程碑教育课程，开始教授和指导那些渴望改变的人，和那些在人际交往中缺乏自信的人。与其他精神导师不同——在体验到自己的意识发生了神圣的转变之后，他们通常会将自己标榜为"精神领袖"——迈克尔依然致力于将商业工作当作其主要职业，同时利用业余时间继续指导和教育他人。

在1977年，迈克尔加入了位于圣地亚哥的罗宾斯国际研究公司，担任运营主管。在接下来的8年中，他有幸成为托尼·罗宾斯的管理团队中的一员，除了要走遍世界参加罗宾斯集团的重大活动，他还通过与托尼（辅导奠基人）亲密的合作来磨炼自己的辅导技巧。

迈克尔最终成了该集团的副总裁，并于 2004 年开始将全部精力转移到辅导上去。

从那时起，迈克尔就成为世界上经验最丰富的生活导师之一，每个月大约辅导 65 名到 75 名客户，这为他提供了锻造和完善**奖杯效应**（他于 1984 年首创了该方法）的机会。作为一名私人导师，同时也是一名罗宾斯集团的认证导师，迈克尔成为辅导管理人员和人际关系的专家（尤其强调"尊重女性"），他还善于训练和指导其他导师。他与妻子朱莉居住在圣地亚哥，目前正在写作其他几本书。如果你想要了解有关迈克尔的更多信息，请登录他的网站 www.intentionquest.com。

* * * * * * * * * * * * * * *

"发现自己的最好方法就是为他人服务。"

——甘地（Mahatma Gandhi）

* * * * * * * * * * * * * * *

致心理学家和生活导师：如果你想要参加正式的训练，让你的客户体验**奖杯效应**（这是一门训练课程，它能让你引导一个长达 50 分钟的形象化过程，其设计意图是为了创造幸福和自信，让人发生深刻的改变），请登录 www.thetrophyeffect.com，或是发送邮件至 training @ intentionquest.com。

— 关于作者…… —

附 录

推荐课程和产品：

www. landmarkeducation. com

www. chopracenter. com

www. waynedyer. com

www. gangaji. org

www. eckharttolle. com

www. thebleepstore. com

www. thesecret. tv

www. onenessnorthamerica. org

www. tonyrobbins. com

联系方式：产品 julien@ tonyrobbins. com

项目：erican@ tonyrobbins. com

辅导：steveb@ tonyrobbins. com

推荐书籍（高阶意识）：

迪帕克·乔普拉：《权力，自由和恩典》

— 奖杯效应 —

迪帕克·乔普拉：《愿望的自然达成》

干卡吉：《口袋里的钻石》

干卡吉：《就是你》

干卡吉：《自由和决心》

艾克哈克·多勒：《当下的力量》

艾克哈克·多勒：《一个新世界》

韦恩·戴尔：《意愿的力量》

韦恩·戴尔：《活在道家智慧中》

韦恩·戴尔：《心存相信》

玛丽安娜·威廉姆森：《爱的回归》

玛丽安娜·威廉姆森：《改变的馈赠》

尼尔·多纳德·沃尔什：《与神的交谈》

拜伦·凯迪：《快乐的1000种方式》

拜伦·凯迪：《爱本色》

舒亚达斯喇嘛：《唤醒心中的佛陀》

有关改变或动机的书籍：

托尼·罗宾斯：《唤醒心中的巨人》

杰克·坎菲尔德：《专注的威力》

杰克·坎菲尔德　詹尼特·施韦泽：《成功秘诀》

托尼·亚历山德拉博士：《铂金法则》

约翰·阿萨拉夫：《拥有一切》

诺亚·圣约翰：《成功密码》

注：请登录作者网站，查看其他推荐书目

— 附　录 —

如何制订生活计划:

请录陆 www.intentionquest.com/About Michael/Life Plan

作者网站: www.intentionquest.com

www.thetrophyeffect.com

本书节选

当你思索这一观念的时候，你是否注意到，该信念主张，生活中最令人愉悦的体验是神圣而匮乏的，正是这种信念（也因此成了一种期待）让幸福成为遥不可及的东西？

你拥有普遍的天赋，但却拒绝接受它，还说着这样的话："不，谢谢，我还是依靠自己称之为我的这个小东西吧。"

所有缺少纯粹意图的行动都会受到一种幻象的困扰，即你与本源和其他事物都是分离的。在这种情况下，你会感到孤单和恐惧，担忧自己不够优秀。

"本源是一种能够彰显自我的意愿表达，它渴望自己尽可能充分地被表现出来。因此，当你因为做过'好事'或是认可了他人的优秀之处而意识到自己的卓越时，你就接受了整个世界的意愿，并帮助世界兑现了诺言……"

你无法与曾发生过的（甚至是即将发生的）所有的善相分割！

— 本书节选 —

然而，当你察觉到自己与正在思考你的东西相分离时，当你认为你的自我位于自己身体的内部时，你正在被那些思考你的东西所使用着。此时一切都会出问题，此时，你将使用你的思想判定"你自己"，这决定了你与其他事物不同。这时，你决定你的起点和终点。

如果所有人都在等待，那么谁先开始呢？为了庆祝爱在我心中，也在你心中，我建议你先开始行动。

"……如果你真的想要活得幸福，请改变你的生活方式。与过去决裂，拥抱你的梦想——然后让你的自我成为世界的一个容器，让神能够在里面施展魔法……"

致　谢

* * * * * * * * * * * * * * *

"远离那些轻视你的雄心壮志的人。鼠目寸光者总是轻视别人。然而，真正的豪杰会让你觉得你也一样可以成为杰出人物。"

——马克·吐温（Mark Twain）

* * * * * * * * * * * * * * *

在构思《奖杯效应》的25年时光中，我有幸得到了很多人的启发，有才华横溢的教师，也有令我惊喜的客户，他们为此书做出的贡献远比他们自己意识到的要多。对所有与我分享真理并深刻地影响我生活的人，我将永远心存感激。

尤其是，我有幸结识了一帮优秀的人并和他们一起工作，他们是我的精神导师，他们的工作已经成了我的工作，他们是：托尼·罗宾斯（Tony Robbins）、迪帕克·乔普拉（Deepak Chopra）、韦戴尔（Wayne Dyer）、华纳·爱哈德（Werner Erhard）和恒河母（Gangaji）。

感谢我的父亲，德米尼克·尼蒂（Dominick Nitti），他曾服役于美国海豹特战队（编号为UDT11），为了保护国家和家人，曾在二战期间英勇战斗——就在父亲去世前，我承诺他会写这本书。感谢我的母亲薇薇安（Vivian），在与父亲相濡以沫的55年中，她始终骄傲地支持着自己的丈夫，我对她的敬意无法用语言表达。感谢我的姐妹莎伦（Sharon）、黛安（Diann）和宝拉（Paula），我从她们那里首次了解到女性精神的魅力。感谢我的妻子茱莉（Julie），能让我非常有幸地在20年来拥有挚爱。她真的很特别。感谢茱莉的母亲金克思（Jinx）和她的继父爱德（Ed），我深深地爱着他们。感谢我其他的家人们，包括茱莉的父亲比尔（Bill），兄弟卢思迪（Rusty）及其家人，我还要感谢我的每个姐妹的家人们，我将永远珍惜与他们相处的时光！感谢我的女儿们，我曾在她们小时候"用自己的理念去改变"她们（既然她们都成长为了不起的人，那么显然实验是有效果的），感谢她们的丈夫；感谢艾丽卡（Erica）和史蒂夫（Steve），艾米（Amy）和豪伊（Howie）——我对你们的爱超出了你们的预期……

感谢史蒂夫·柯蒂斯（Steve Curtis）给我深厚的友谊，他还亲身证明了只要专注，便能达到任何目标。同时我还要感谢我们两个共同的朋友及教练——蒂姆·泰勒（Tim Taylor），他在此书的完成过程中发挥了重要作用。感谢我所有的好朋友，他们了解我的能力所及，并"确信我享受"着整个写作过程，尤其感谢劳拉和克雷格·伯恩斯（Laura and Craig Burness），帕蒂和大卫·莫尔豪斯（Patty and David Morehouse），还要感谢琳和山姆·乔治斯（Lyn and Sam Georges），他们邀请我到圣地亚哥，让我能最初与罗宾斯集团合作。我对此永远充满感激。

— 奖杯效应 —

尤其感谢我的好朋友费斯·戈尔斯基（Faith Gorski），他一直无条件地支持着我。你的友谊真正地鼓舞着我，照亮我的心灵。

感谢那些曾指导我或是曾在我的转变中发挥关键作用的人，特别是劳雷尔·施基弗（Laurel Scheaf）、安吉洛·德米利奥（Angelo D'milio）、兰迪·麦克纳马拉（Randy McNamara）、詹·库克（Jan Cook）、大卫·诺里斯（David Norris）、大卫·费舍（David Fisher）、道格·高格（Doug Gouge）、帕特丽夏·约翰逊（Patricia Johnson）和托巴·赫特尔曼（Toba Hettleman）——还有我一起工作的同事以及无私支持着罗宾斯研究项目（Robbins Research）的人，他们致力于改变他人的生活。特别感谢派姆和克里斯·亨德里克森（Pam and Chris Hendrickson）、莎莉·威尔逊（Shari Wilson）、玛丽·格罗菲尔德（Mary Glorfield）、卢卡斯·约翰逊（Lucas Johnson）、杰奎琳·考纳比（Jacqueline Cornaby）、苏西·科奈恩（Susie Conine）、加里·施沃特莱（Gary Schwertly）、克洛伊·马达尼斯（Cloe Madanes）；感谢德波·佛洛里斯（Deb Flores）博士（你永远在我们心中），还感谢约瑟夫·麦克兰顿三世（Joseph McClendon Ⅲ）能在我写作此书时给予指导。我还要感谢罗宾项目组的成员给予我的幕后支持，他们是雷吉·巴特（Reggie Batts）、布莱特·威廉姆斯（Brett Williams）、汤米·多恩斯（Tommy Dones）、简奈特·欧迪（Janet O'dea）和乔伊·诺莱德（Joy Nored）。

感谢安妮·路透（Annie Reuter）和卡罗尔·哈维（Carole Harvey），她们开始是我的客户，后来成了我的挚友。安妮·路透还不遗余力地支持我完成本书，卡罗尔·哈维一直以来给了我很多深刻的见解和编辑支持。还要感谢那些为本书的出版提供专业支持和指导的人，包括诺亚·圣约翰（Noah St. John）、托尼·阿莱桑德拉（Dr. Tony Alessandra）、简内特·斯威策（Janet Switzer）、维西·圣乔治（Vicki St. George）、安·麦克印多（Ann McIndoo）和贾斯汀·萨奇斯（Justin Sachs）。感谢你们让我实现这个梦想！

感谢众多客户允许我引导他们体验"**奖杯效应**"，并让他们因此获益，由此显示出此书的效果和这些人的勇气，尤其是夏拉奇·赞威（Shariq Thanvi）、桑迪·德莱塞（Sandy Dresser）、雪莱·卡斯利（Dr. Shelley Cathrea）、伊安·阿普林（Ian Aplin）、杰夫·加德纳（Jeff Gardner）、马克·彼得康姆比（Mark Biddlecombe）、罗伯特·安东尼塞罗（Robert Antonicello）、奥拉利亚·罗贾斯（Oralia Rojas）、乔安娜·拉马拉（Joanna Lamarra）、路易斯·胡森（Louise Huusom）、卡斯波·派德森（Casper Pedersen）、杰特·尼尔森（Jette Nielsen）、罗布和狄安娜·林顿（Rob and Diana Linton）、詹尼·凯西伯尔（Jeannie Catchpole）、丹娜和格雷格·桑顿（Dana and Greg Thornton）、阿勒克山德拉·德莱肯（Dr. Aleksandra Drecun）、金伯利·阿克沃斯（Kimberly Acworth）、左菲亚·西莱科（Zofia Syrek）、穆斯塔法·阿巴斯（Mustafa Abbas）、朱利安·考万（Juliann Kovan）、苏·沃克（Sue Walker）、雅各布和玛丽亚·莫罗（Jacob and Maria Morrow）、兰蒂娜·克鲁兹（Londina Cruz）、阿比·塔图宪（Abe Tatosian）、克里斯·尼法奇斯（Chris Niphakis）、米亚·几赞德（Mia Gyzander）、约翰尼·阔斯塔（Johnny Costa）、库安·雅克布森（Dr. Kwan Jakobsen）、凯伦·齐尔顿（Karen Chilton）、克雷格·布拉德肖（Craig Bradshaw）、麦克·斯塔莫斯（Mike Stamos）、陶德·伊斯伯纳（Todd Isberner）、T. J. 罗乐德

(T. J. Rohleder)、安德鲁·德克提斯（Andrew DeCurtis）、杰西卡·阿里桑德拉（Jessica Alessandra）、卡莉萨·莫兰德（Karissa Moreland）、茱莉·洛伊尔（Dr. Julie Royal）、凯文·沃克（Kevin Walker）、玛吉·凯斯特利（Maggie Kestly）、特里萨·隆巴迪（Theresa Lombardi）、迈克尔·萨瑟维奇（Michael Sasevich）、基诺·夏尔顿（Gino Scialdone）、克里斯·苏特利夫（Chris Sutliff）、曼迪和马修·穆史林（Mandy and Matthew Mushlin）（"奖杯之王"）等很多人——但是最为感谢伯尼尔（Pernille）及其 Mindjuice.dk 团队，你们真的给予我很多灵感。

最后，我要感谢你，正在阅读本书的人，谢谢你愿意敞开心灵，愿意发现真实的自己……

译者后记

　　有学者说，这是一个精神分裂的时代。一方面，我们背负着现代生活衍生出来的重重压力，让自己一天比一天更忙碌。另一方面，我们又常常由于无法达成自己的目标而焦虑、自卑，甚至陷入严重的抑郁。在翻译这本书之前，我发现周围有不少人虽看起来学业有成、工作顺心、家庭幸福，但却常常不够自信，总是怀疑自己不够优秀，一次次在心里否定自己。相信有时你也会面对同样的困境，不管别人觉得你多么优秀，你心中总有一个角落装满了你自认为只有自己才看得清楚的缺点和不足，总有一个声音在质疑你。老子说过，知人者智，自知者明。所谓自知之明，不仅仅是认清自己的缺点以避免自满，而且是要正视自己的不足，更重要的是要肯定自己的优秀之处。本书作者以奖杯为喻，用更通俗的方式把上面的道理解释给读者。翻译完这本书后我才明白，为什么当下被消极情绪困扰的人那么多，为什么自卑和拖延成了现代人难以痊愈的心理疾病。那是因为我们居然每时每刻都在"积极主动"地给自己的失误颁发着一座座的耻辱奖杯，却完全忽略了每一次成功，没有能力用优秀奖杯激励自己以一种积极乐观的心态追求幸福。本书原作者旨在帮助那些"自省过头"的读者打开一个新的视野，让你能更清晰又不失偏颇地看待自己，面对生活中的各种问题，获得积极生活的正能量。

在本书的翻译过程中，我得到了董瑾、刘烨、吕彦泽、孙海礁、薛宏山、平婉菁、关哲、张海川、焦瑞青、魏红艳、赵建荣、李树强、孙微石、陶弘伟的帮助，他们帮忙查找资料、编校译稿，没有他们的协作，就没有这版译稿的面世，在此我要特别感谢他们。